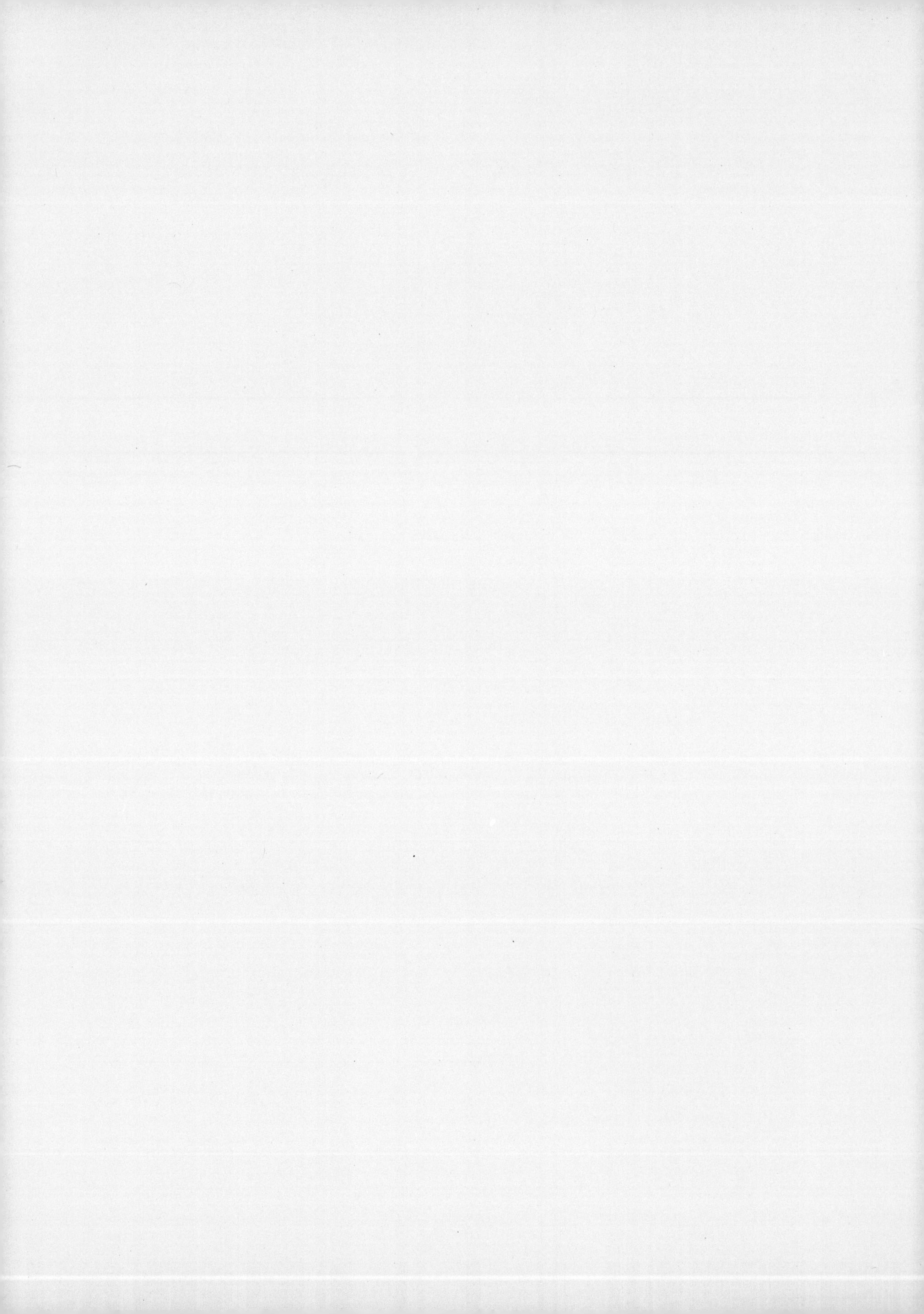

핸드메이드가 좋아요

엄마 손으로 직접 만드는 출산용품 · 옷 · 소품

핸드메이드가 좋아요

릴리홈 박은희 지음

책

작업하는 동안 끊임없이 영감을 준 파리의 막내 시누이
힘을 실어준 남편, 사랑하는 딸 지유
기꺼이 모델이 되어준 조카 하로와 하로 엄마
그리고 곧 태어날 둘째 아이에게 이 책을 바칩니다.

아이와 엄마 모두를 위한 선물

이 세상에 아이의 탄생보다 기쁘고 놀라운 일은 아마 없을 겁니다. 아이가 생기면 모든 것이 달라집니다. 아이를 키우다 보면 엄마가 된다는 것이 얼마나 큰 행운이자 특권인지 깨닫게 됩니다. 특히, 아이를 위해 뭔가 만드는 시간이 무척 즐겁고 의미 있게 다가옵니다. 스스로도 놀랄 정도로 정말 열심히 하게 되지요. 저 역시 엄마로서 아이에게 특별한 선물을 해주고 싶다는 생각에 오랫동안 손을 놓았던 바느질을 다시 시작했습니다. 아이를 위해 뭔가 만들었을 때 느끼는 성취감은 이루 말로 다할 수 없습니다. 아이가 제가 만든 것을 보며 마냥 천진하게 웃고 좋아하는 모습을 볼 때면 늘 가슴이 벅차오릅니다. 이것이 핸드메이드의 가장 큰 매력입니다.

이 책은 제가 아이를 키우지 않았다면 만들 수 없었을 겁니다. 제 경험을 살려 아이의 발달에 맞춰 꼭 필요한 것들을 갖출 수 있도록 아이템 하나하나 진심을 담아 만들었습니다. 0세부터 6세 아이를 위한 특별한 디자인의 옷과 소품을 고루 실었지요. 얼핏 보기에 복잡하고 어렵게 느껴질지도 모르지만, 알고 보면 어려운 기술은 거의 사용하지 않았어요. 특별한 테크닉이 필요한 경우는 극히 일부입니다. 또한, 원피스, 셔츠, 블루머 등 남아와 여아 골고루 사용할 수 있는 기본적인 아이템을 매우 트렌디하고 완성도 높은 디자인으로 만날 수 있을 겁니다. 예상보다 훨씬 쉽게 만들 수 있을 테니, 가벼운 마음으로 시작해보세요.

처음에는 형태가 단순하고 간단한 아이템을 골라 만들어보는 것이 좋습니다. 그런 다음 디테일한 부분들을 취향에 맞게 추가해보세요. 같은 아이템이라도 색상, 소재, 마무리 작업에 따라 책과 완전히 다른 스타일로 완성할 수 있습니다. 변형된 방법으로 옷을 마무리할 수도 있고, 길이에 변화를 줄 수도 있습니다. 예를 들어, 주머니를 달 때 정확한 위치가 아닌 비대칭으로 달거나 주머니의 모양 자체를 바꿀 수도 있고, 리본이나 작은 천 조각을 덧대거나 아기 이름을 수놓을 수도 있습니다. 기본적인 패턴 위에 장식하는 모티프들은 얼마든지 바꿀 수 있답니다. 그렇게 섬세한 부분을 잘 마무리하면 세상에 하나밖에 없는 아이 옷을 만들어줄 수 있지요. 스스로를 믿고, 자유롭게 상상하며 과감하게 색을 배합하고, 다양한 모티프로 장식을 해보세요.

엄마 손으로 직접 아이 옷과 소품을 만드는 것은 아이만을 위한 일은 아닙니다. 날마다 조금씩 바느질을 하는 습관이 몸에 배면 집중력도 좋아지고, 조용히 명상에 잠길 수도 있거든요. 저 역시 바느질을 하면 복잡한 마음이 차분하게 가라앉는 것을 느끼곤 합니다. 육아에 지쳐 화가 나거나 답답할 때 바느질을 하고 나면 좀 더 좋은 엄마가 될 수 있을 거라는 의욕이 생기기도 하지요. 짬짬이 뭔가를 만드는 생활이 이어지면 하루하루가 새로워집니다. 날마다 영감이 솟아나고, 정성과 진심을 담아 만든 선물을 아이에게 건네주면 행복한 미소가 돌아옵니다. 이런 날들이 쌓이면 아이에게 좋은 자극이 될 겁니다. 이 책에는 그런 아이디어들이 한가득 담겨 있답니다. 망설이지 말고 아이를 위해, 또 엄마가 된 자신을 위해 지금 바로 시작해보세요.

Contents

STEP I

바느질을 시작하기 전에

재단을 위한 준비물
넓은 테이블, 기름종이, 눈금자, 펜, 가위, 시침핀

바느질을 위한 준비물
재봉틀, 실, 바늘, 시침핀, 핀 쿠션, 가위, 실뜯개, 바이어스 메이커, 고무줄 끼우개

옷과 소품을 위한 준비물
원단, 스냅단추, 면끈, 바이어스 테이프, 리본, 레이스, 솜, 딸랑이, 고무줄

재봉틀

재봉틀이 처음이라면 기능이 단순한 모델도 괜찮아요.
단춧구멍 노루발, 주름 노루발, 지퍼 노루발 등 재봉틀을 구입할 때
따라오는 다양한 노루발을 잘 활용하면 옷 만들기가 훨씬 쉬워집니다.
재봉틀은 사용한 다음 관리를 잘 해주는 것이 중요합니다.
자주자주 실 먼지를 제거하고 구석구석 기름을 쳐놓으면
고장 없이 새것처럼 오래 쓸 수 있어요.

바늘

재봉틀용 바늘은 9호부터 16호까지 다양해요. 보통 두께의 옷감에는 11호 바늘이,
그보다 얇을 때는 9호, 두꺼울 때는 14, 16호 바늘이 적당합니다.
손바느질용 바늘은 원단의 두께와 바느질 기법(퀼트, 아플리케, 패치워크, 시침, 스티치 등)에
따라 굵기와 길이가 다른데, 호수가 작을수록 굵고 길어요. 보통 손바느질에 많이
쓰이는 것은 퀼팅용 바늘이에요. 가늘면서 짧기 때문에 옷감에 바늘이 통과한 자국이
남지 않으며 바늘땀이 곱고 깔끔하게 마무리할 수 있지요.

실

실도 바늘처럼 시침용, 재봉용, 퀼팅용, 자수용 등 쓰임새에 따라 종류가
다양해요. 손바느질에는 꼬임이 적고 튼튼해서 한 가닥으로 사용할 수 있는
퀼팅실이 적합하고, 재봉에는 울거나 끊어지거나 실 보푸라기가 잘 생기는
면실보다는 100퍼센트 폴리에스테르실이 완성도 높은 작품을 만들기에
적합해요. 색상은 흰색이나 검은색보다는 아이보리나 베이지, 진한 남색 등
차분한 중간 색상이 모든 원단에 두루 어울려 활용하기 좋아요.

자수실

인형의 눈과 코, 입을 수놓을 때는 두꺼운 모코 수실이 편리하고,
스티치 장식을 하거나 완성된 작품에 이니셜을 새길 때는 십자수용 실이
적합해요. 수를 놓을 때는 먼저 적당한 길이로 실을 자른 후 끝을 잡고
가닥을 뽑아 두 겹 내지 세 겹으로 사용합니다. 그 밖에 여러 색이 한데
섞인 레인보우실, 그림 스티치를 할 때 쓰는 아플리케 전용 실도 있어요.

수성펜, 초크펜

원단에 도안을 옮기거나 패턴을 그릴 때 전용 펜을 쓰면 무척 편리해요.
보통 다 그린 다음 분무기로 물을 뿌려 지우는 수성펜과 시간이 흐르면
저절로 사라지는 기화성 펜을 사용하는데, 펜 끝이 뭉뚝하지 않고 선이 굵고
진해 정교하게 그릴 수 있지요. 색이 진하고 어두운 원단에는 주로 흰색
초크펜슬을 사용합니다.

가위

옷본을 자를 때 쓰는 일반 가위, 원단을 자르는 재단 가위, 재봉 후
실밥을 자르거나 가위집을 넣을 때 사용하는 쪽가위, 이렇게 용도에 따라
세 가지를 구비해두면 일이 쉬워져요. 재단 가위는 크고 가벼운 것이 좋으며
원단 자르는 용도로만 사용해야 오래 쓸 수 있어요.

핀 쿠션, 시침핀

핀 쿠션은 시침핀이나 바늘을 꽂아두는 도구입니다.
시침핀은 원단에 도안을 그리거나 여러 겹의 원단을 비뚤어지지 않게
고정할 때 사용해요. 일반 문구용 핀보다 가늘고 길어서 옷감에 손상이
가지 않으며 그대로 고정한 채 다림질할 수 있어 편리하지요.
시침핀을 꽂을 때는 박음선과 직각으로 꽂아야 옷감이 밀리거나
앞뒤가 어긋나는 것을 방지할 수 있어요.

줄자, 눈금자, 곡선자

가운데를 누르면 도르르 말리는 테이프형 줄자는 신체 치수를 재거나
곡선을 잴 때, 시접 폭이 그어져 있는 눈금자는 원단을 패턴대로 재단하거나
직선이나 시접선을 그릴 때 주로 사용합니다. 작은 소품을 만들 때는
15센티미터 자를, 큰 소품은 60센티미터 자를 사용하면 편리해요.
그 외 패턴의 진동선이나 네크라인과 같은 곡선 부분을 그릴 때 사용하는
곡선자도 하나쯤 구비해두는 것이 좋습니다.

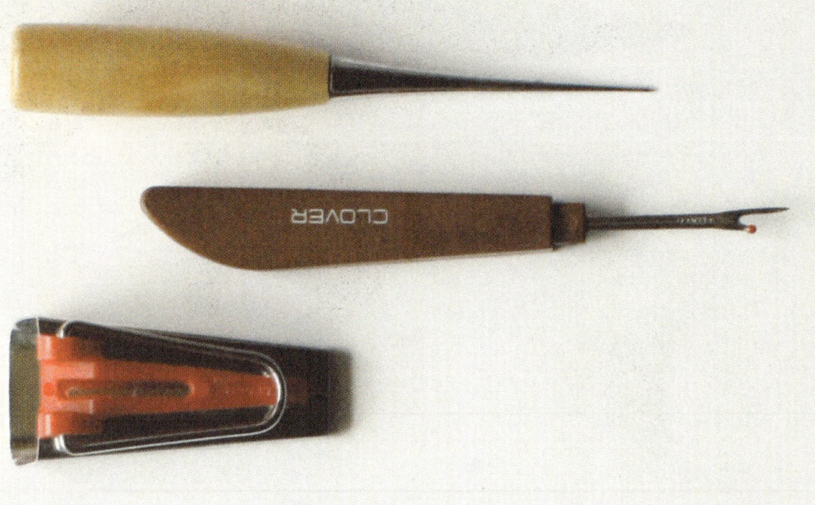

실뜯개

모서리를 정리하거나 잘못된 바느질 땀을 뜯고 뽑을 때, 단춧구멍에 홈을 내는
세밀한 작업을 할 때 수월하게 작업할 수 있도록 도와주는 도구입니다.
송곳처럼 뾰족한 부분을 바느질한 부분에 끼워 넣고 가운데 칼날로
실을 뜯어내면 됩니다.

송곳

원단에 주머니의 위치를 표시할 때, 재봉틀로 두꺼운 원단을 재봉할 때
노루발 앞에서 송곳으로 원단을 지그시 밀어주면 원단이 밀리거나 박음질이
잘 되지 않는 것을 막을 수 있어요.

바이어스 메이커

바이어스는 아기 의류나 소품 등의 가장자리를 깔끔하게 마무리할 때
사용하는데, 바이어스 메이커를 쓰면 손쉽게 만들 수 있어요.
일반적으로 18밀리미터 사이즈(폭 4센티미터)가 가장 유용합니다.

고무줄 끼우개

끝이 구부러져 있어 짧은 끈을 뒤집거나, 끈이나 리본, 고무줄을 끼울 때 사용합니다.
아기 옷이나 소품을 만들 때 자주 사용하니 갖춰놓으면 편리해요.

딸랑이

아기의 시각과 청각의 발달을 돕는 장난감을 만들 때 사용합니다.
투명한 플라스틱 안에 세라믹 볼이 들어 있는 딸랑이는
맑은 소리가 나며, 캡슐 안에서 방울 두 개가 맞부딪히면서
큰 소리를 내는 것이 특징이에요.

솜

딸랑이나 베개, 인형 등의 속을 채울 때는 구름솜보다
작은 방울 형태의 방울솜을 사용하는 것이 세탁 후에 덜 뭉치고
쿠션감이 좋아요. 아기 신발을 만들 때는 접착솜, 가방 같은
소품을 만들 때는 퀼팅솜, 두툼하면서 쿠션감이 있는
아기 이불을 만들 때는 가벼우면서 따뜻한 면 패딩솜이 적합해요.
패딩솜은 두께가 다양하게 나와 용도에 맞추어 구입할 수 있어요.

고무줄과 끈

탄력 고무줄은 4밀리미터부터 3센티미터까지 두께가 다양한데
아기 옷의 손목이나 허리 등 신축성이 필요한 부분에 사용해요.
손목에는 가는 고무줄을, 허리에는 두꺼운 고무줄을 쓰고
배냇저고리나 보닛, 원피스 등 아기 의류에는
면 재질의 끈을 쓰는 것이 좋아요.

스냅단추

암수 한 쌍인 스냅단추를 사용하면 옷이나 소품을 안쪽으로
쉽게 여밀 수 있어요. 부드러운 면과 까슬한 면으로 구성된
벨크로테이프 역시 원하는 모양과 사이즈로 잘라 턱받이 같은
아기 소품에 사용하면 좋아요.

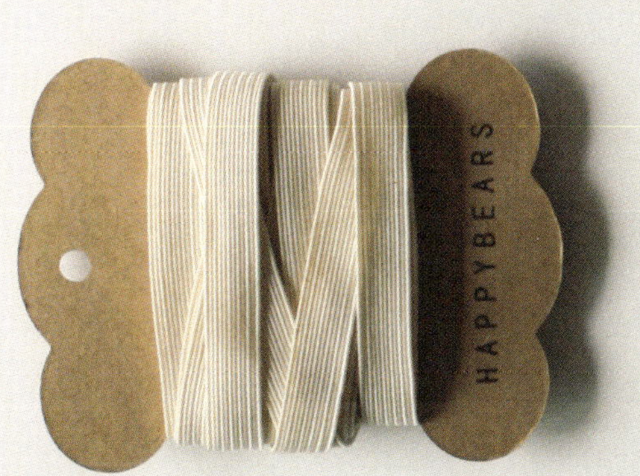

좋은 원단 고르기

본격적인 작업에 들어가기 전 틈틈이 좋은 원단과 예쁜 재료들을 골라놓으세요. 아이 옷과 소품을 만들 때는 원단 선택이
가장 중요합니다. 오가닉 원단은 탈색이나 화학적 가공을 거치지 않아 좋긴 하지만 무조건 유기농 제품만 고집하는 것은
바람직하지 않습니다. 그보다는 순면이나 리넨 같은 천연 섬유나 촉감이 보드라운 거즈와 타월지 등을 추천하고 싶습니다.
천연 소재의 원단은 촉감이 부드럽고 완성 후 형태 변형이 적을 뿐만 아니라 피부가 예민한 아이들에게 알레르기를
예방해주는 장점이 있거든요.

아까워서 차마 버리지 못한 예쁜 옷가지나 낡은 타월, 오래된 이불보 등을 활용하는 것도 좋은 방법입니다. 아이가 자라서
못 입게 된 옷들도 더없이 훌륭한 재료입니다. 옷에 바느질된 부분과 자수가 놓인 부분을 적절히 활용할 수 있거든요.
밝고 화려한 꽃무늬나 줄무늬 또는 물방울무늬 같은 다양한 원단들도 과감하게 활용해보세요. 큰 단추와 화려한 리본 등을
옷과 소품에 매치하면 자신만의 스타일이 담긴 새로운 작품을 만들 수 있어요.

마음에 드는 원단을 구한 다음 가장 먼저 할 일은 깨끗이 세탁해 잘 말리는 것입니다. 물 세제나 천연 세제, 무자극성
비누를 이용해 세제 찌꺼기가 남지 않도록 주의하는 것이 중요합니다. 덧붙여 아이 옷을 좋은 상태로 오래 유지하고 싶으면
손빨래를 하세요. 오가닉 원단, 면과 리넨은 열에 약하기 때문에 삶는 것은 삼가야 합니다. 요즘 옷감들은 대부분 가공 상태가
좋아 그대로 사용할 수 있지만 면과 리넨은 세탁 후 줄어들 수 있으니 선세탁 후 작업하는 것이 좋아요. 원단을 물에
약 두 시간 정도 담가두었다가 물기를 짜고 그늘에서 말리세요. 약 80퍼센트 정도 말랐을 때 다리미로 정리하면 됩니다.

참고로 올리브 비누는 질이 좋고 향이 깨끗하며 아이들 옷에 필요한 표백과 음식물 얼룩을 제거하는 데 효과적입니다.
일반 비눗물에 담가놓으면 얼룩이 완벽하게 빠지지 않습니다. 레몬 원액이나 알코올을 함유한 식초는 과일 얼룩을 빼는 데
좋습니다. 그 밖에 라벤더 오일을 의자 등받이, 인형, 꽃, 옷장 속에 몇 방울씩 뿌려놓으면 맑은 공기를 마시는 기분이 들게
해주고 벌레를 쫓는 역할도 하지요. 마음을 편안히 해주고 소독 및 살균 효과도 있답니다.

코튼: 천연 소재이고 부드러워 바느질하기 쉽고 착용감이 편안합니다.
봄가을용으로는 20수나 30수, 여름용은 40수, 겨울용은 15수나 10수 정도가
알맞아요. 초보자가 옷감을 고를 때는 바느질할 때 밀리거나 마름질하기 어려운
하늘거리거나 두꺼운 원단은 피하는 것이 좋습니다.

리넨: 처음에는 까슬까슬해도 세탁을 하면 부드러워지며 착용감이 쾌적합니다.
리넨 원단으로 만든 옷은 시원하고 편안해 여름옷을 만들기에 적당합니다.

더블거즈: 얇고 통기성이 좋으며 촉감이 부드러워 의류에서 소품, 침구류까지 다양하게
활용됩니다. 올이 잘 풀리는 단점이 있으므로 통솔이나 쌈솔로 시접을 처리해야 합니다.

다이마루(메리야스): 신축성과 부드러움이 최고의 장점이지만 바느질하기 쉽지 않다는
단점이 있습니다. 두께감 있는 원단을 선택하는 것이 바느질하기에 좀더 수월하고 신문지 같은
얇은 종이를 원단 밑에 깔고 함께 바느질한 후 종이를 찢어서 빼내는 것도 좋은 방법입니다.

타월지: 작은 파일로 짜인 원단으로, 흡수성이 좋아 목욕 가운이나 턱받이 또는
손수건을 만들 때 적당합니다.

플란넬(융): 가볍고 부드러우며 표면에 솜털이 있는 것이 특징입니다. 체온을 잘 유지시켜주기
때문에 잠옷이나 침구류를 만들기에 적당합니다.

코팅 원단: 비옷이나 가방, 앞치마, 턱받이 등 여러 가지 용도로 사용할 수 있습니다.
다이마루처럼 제자리를 잡아서 바느질하기가 어려우니 종이를 깔고 함께
바느질하는 것이 좋습니다.

바느질의 기초

원단의 식서 방향

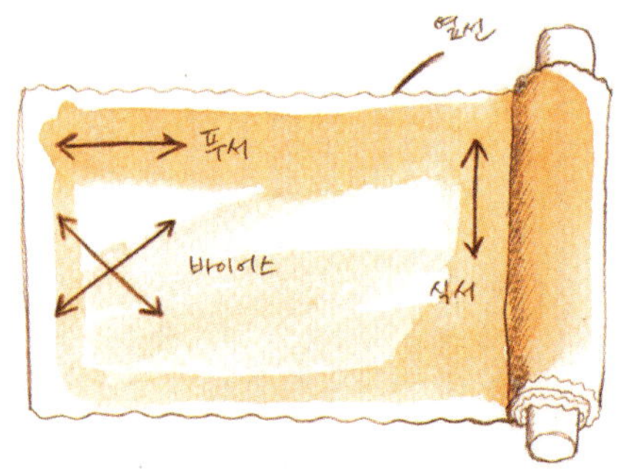

원단의 조직은 대부분 두 가지 방향으로 되어 있습니다.
옷감의 가장자리와 평행을 이루는 원단의 가로 방향을
식서, 옷감의 가장자리와 수직을 이루는 원단의
세로 방향을 푸서라고 해요. 줄무늬 원단의 경우
색다른 효과를 주기 위해 푸서 방향으로 재단하기도 하지만
일반적으로 올이 잘 풀리지 않고 잡아당겼을 때 덜
늘어나도록 식서 방향으로 재단합니다.
패턴에 표시된 화살표를 원단의 식서 방향에 맞추어 재단해야
세탁 후에도 옷의 형태가 제대로 유지돼요. 시중에서 판매하는
원단은 90~150센티미터까지 폭이 다양하니 필요한 원단의
분량을 꼼꼼히 따져보고 구입하세요.

각진 부위와 둥근 부위에 가위집 넣기

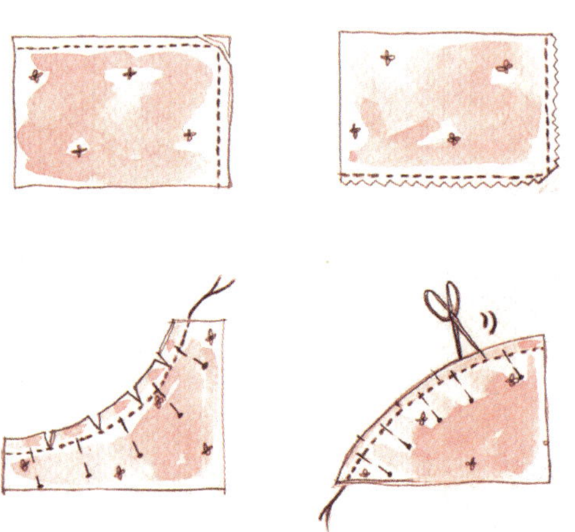

목선의 둥글림과 각진 부분 등을 깔끔히 처리하기 위해서는
반드시 가위집을 넣어야 합니다. 조금 당겨지거나 구겨질 수
있지만 둥글거나 각진 부분이 바느질 후 반듯하게 잘

펴지게 하려면 가위집을 넣는 것이 굉장히 중요합니다.
그래야 뒤집었을 때 각진 부분의 모양이 예쁘게 잡히거든요.
핑킹가위를 사용하면 따로 가위집을 주지 않아도 됩니다.

바이어스 감싸기

둥글리는 부분이나 진동 부분을 바이어스로 감싸는 것은
바느질이 처음인 사람에겐 무척 까다로운 일입니다.
그러나 목둘레 또는 진동을 바이어스로 처리하면 지저분한
시접이나 바늘땀이 보이지 않아 옷의 안쪽이 깔끔하게
마무리될 뿐만 아니라 옷이 좀 더 견고해집니다.

사선 바이어스 만들기

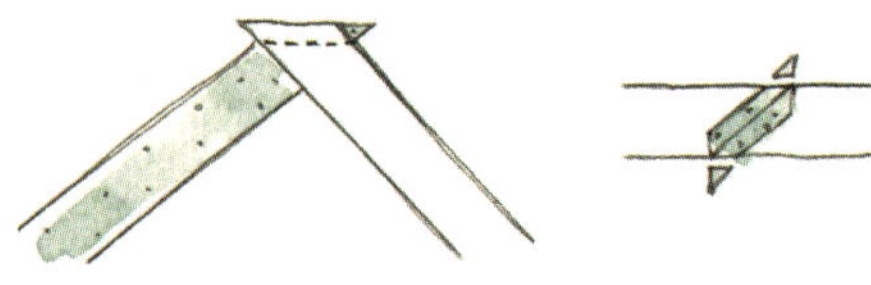

완제품 바이어스가 아니라 직접 바이어스를
만들 때는 원단을 사선으로 재단해야 합니다.
그래야 고무줄처럼 늘어나는 효과를 줄 수 있어요.
45도 각도로 정확히 재단하지 않으면 재봉할 때 천이 휘거나
마무리가 깔끔하게 되지 않으니 주의하세요.
긴 바이어스가 필요하면 바이어스 두 장을 이어 붙이면 됩니다.
먼저 바이어스 두 장을 삼각형 모양으로 겉끼리 마주 보게
놓아주세요. 둘을 바느질로 연결한 다음 시접 모서리를 가위로
정리하고 시접을 양쪽으로 벌려 다림질하면 완성됩니다.

직선 바이어스 만들기

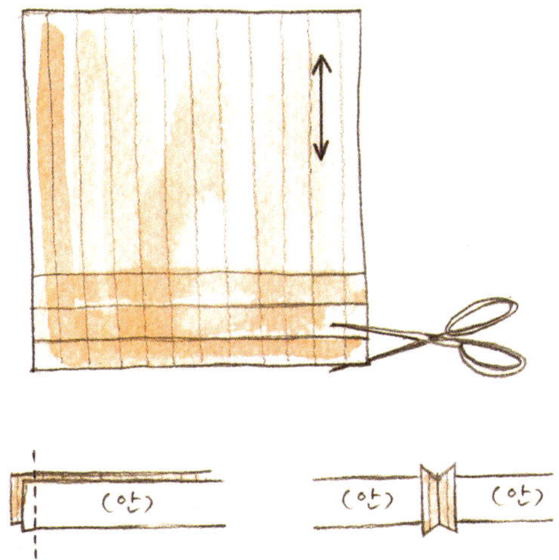

다이마루처럼 잘 늘어나는 원단으로 바이어스나 끈을 만들 때는
원단의 길이 부분을 일직선으로 잘라 사용합니다. 의류나 소품에
끈을 달 때는 아이의 안전을 위해 튼튼하게 바느질하세요.
아기가 목에 두르지 못하도록 길이는 너무 길지 않게 하고
시침핀을 모두 제거했는지도 꼭 확인하세요.

재봉틀 바느질의 기초

웬만한 출산용품이나 소품은 손바느질로도 만들 수 있지만,
재봉틀을 사용하면 훨씬 손쉽게 완성도 높은 작품을 만들 수
있어요. 재봉틀을 다루는 일이 처음에는 엄두가 안 나겠지만
일단 시작해보면 생각보다 쉽다는 것을 알게 될 거예요.
설명서를 숙지한 다음 박음질을 충분히 연습하세요.
박음질과 지그재그 스티치(오버로크)만 잘 활용하면 거의
모든 옷을 만들 수 있어요.

시작과 마무리

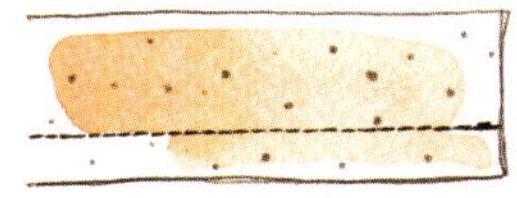

재봉을 시작하거나 끝낼 때 또는 단단히 박음질해야
할 때는 후진 버튼을 누르고 두세 땀 정도
되박아 마무리하세요.

지그재그 스티치로 시접 처리하기

오버로크 재봉틀이 없다면 가정용 재봉틀의
지그재그 스티치를 이용해 시접을 처리하세요.
시접에 여분을 두고 지그재그 스티치한 후
올이 풀리지 않도록 주의하며 여분의 원단을 가위로
잘라내면 깔끔하게 정리됩니다.

시접 처리 방법

가름솔

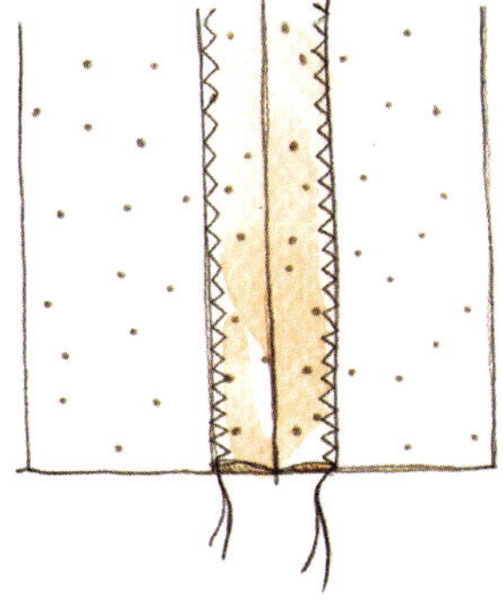

원단을 겉끼리 맞대고 완성선을 따라 박음질한 다음, 시접을
솔기를 중심으로 양쪽으로 갈라 다리미의 뾰족한 앞부분으로
강하게 누르면서 꼼꼼히 다려주세요.

통솔

거즈처럼 올이 잘 풀리는 얇은 옷감의 시접 처리에 많이
사용하는 방법입니다. 원단을 안쪽끼리 맞대고 완성선과
0.5센티미터 시접을 두고 나란히 박음질한 다음 시접을

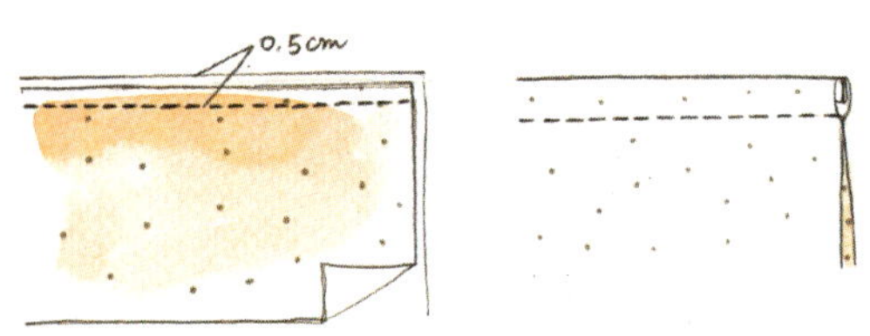

0.3센티미터 남기고 잘라냅니다. 그런 다음 뒤집어 겉면끼리
맞닿도록 접은 후 다시 0.5센티미터 시접을 두고 박음질하고
시접은 한쪽 방향으로 꺾어 다려주세요.

다림질하기

원단을 접거나 시접을 정리할 때 다리미를 활용하면
작업이 수월해져요. 원단 끝을 접은 다음 다리미 앞부분으로
힘을 주어 다리면 됩니다. 이렇게 하면 옷 모양을 예쁘게
잡아주고 입었을 때 편안합니다.

밑단 처리하기

원단 끝을 되접어 세 겹을 하나로 박아 밑단을 예쁘게
마무리하세요. 재봉틀의 말아박기 노루발을 활용하면
손쉽고 깔끔하게 작업할 수 있어요.

주름 만들기

치마처럼 넉넉하게 부풀린 느낌을 주고 싶을 때 많이
사용합니다. 주름을 잡는 방법은 어렵지 않지만 조심스럽게
작업해야 하므로 시간이 오래 걸려요. 재봉틀의 주름 노루발을
사용하면 훨씬 편리하게 작업할 수 있지요.

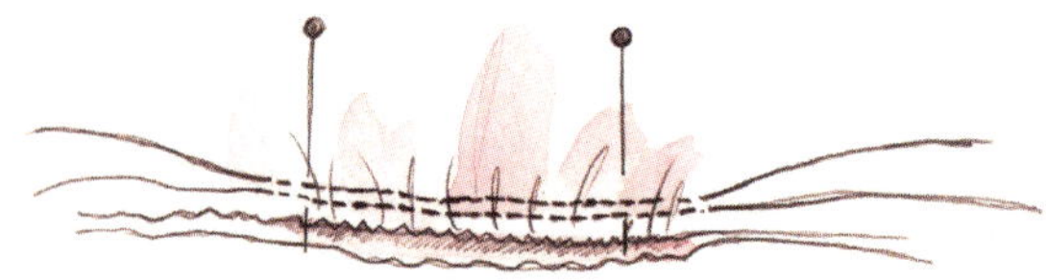

1. 시접에서 0.5센티미터 들어간 지점에서 큰 땀으로
홈질을 하세요. 이때 시작 부분만 매듭을 짓고 끝실은
늘어뜨려놓습니다. 다음 시접 0.7센티미터 들어간 지점에서
한 번 더 홈질을 합니다.
2. 끝 쪽에서 두 개의 실을 잡아당기면 주름이 잡힙니다.
조금씩 잡아당기며 주름을 골고루 잡아줍니다.
3. 두 줄로 주름이 잡혀 두툼해진 원단이 중간 부분을
재봉틀로 박음질한 다음 시침실을 빼냅니다.

허리 조절 밴드 만들기

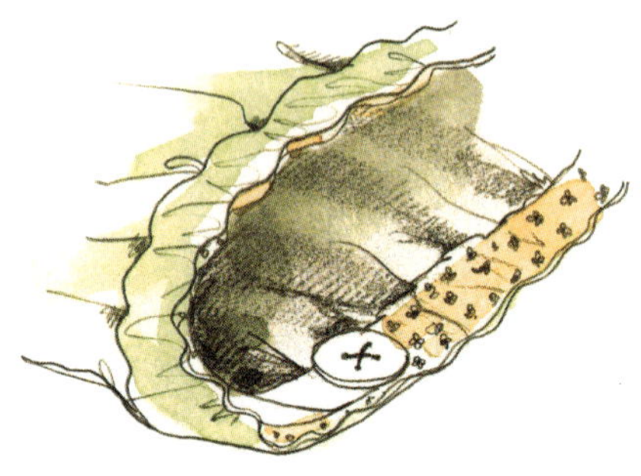

허리 조절 밴드는 골반이 채 형성되어 있지 않아 하의가
흘러내리기 쉬운 아이들 옷에 꼭 필요합니다.
치마나 바지허리 안쪽에 고무줄을 넣어 고정한 다음
단추를 달아주면 됩니다.

1. 안감용 허리띠 원단을 폭 4.5센티미터 길이로 재단한 다음
(옷 사이즈에 따라서 +2센티미터) 다리미를 이용해
양 끝을 1센티미터씩 안으로 접어 시접을 만드세요.
2. 허리띠 원단을 옷 허리 부분에 안쪽끼리 마주 보도록 길게
맞추어놓고, 시작 부분과 마지막이 연결되도록 박음질하세요.

3. 허리띠 원단의 겉면이 보이도록 옷을 뒤집고
시접 안쪽을 따라서 박아주세요.

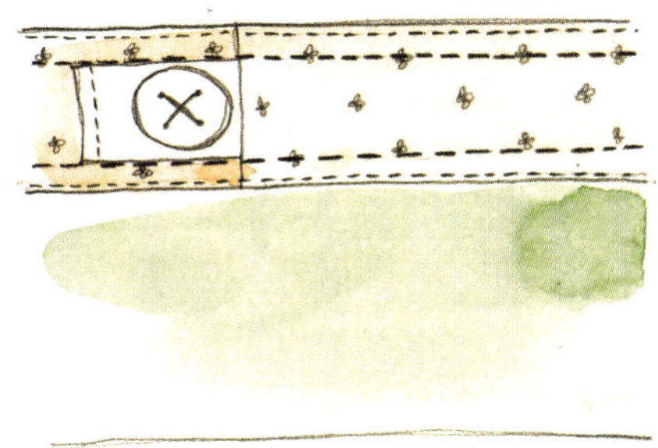

4. 고무줄 끼우개를 이용해 고무줄을 터널 안으로 넣고
양쪽 끝을 단단히 고정하세요. 고무줄 중간에 2센티미터
간격으로 단춧구멍을 5~10개 정도 낸 뒤, 단추를 달고
고무줄 길이를 조절해주세요.

아플리케 장식하기

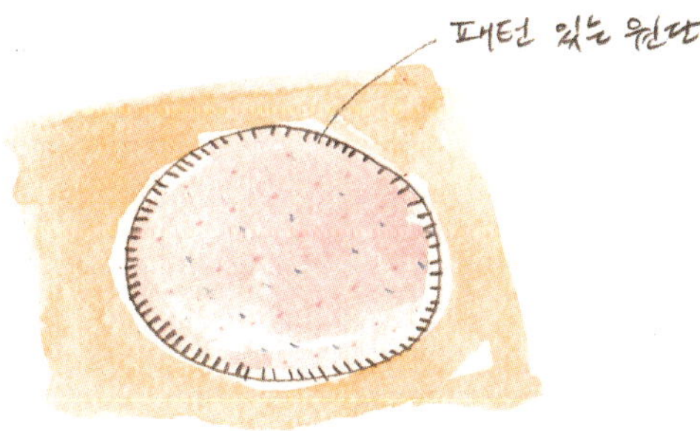

1. 조각 천을 원하는 형태로 자른 후 위치를 잡아줍니다.
바느질을 할 때 움직일 수 있으니 원단용 풀로 붙여주세요.
2. 빙 둘러 지그재그로 바느질합니다. 이때 바늘땀은
촘촘해야 합니다.

접착심지 붙이기

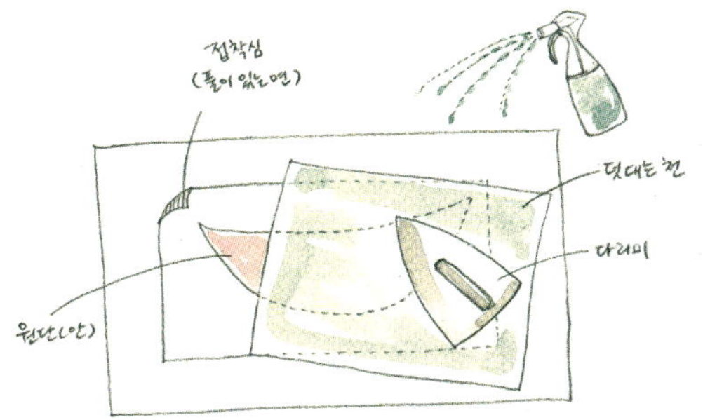

심지는 바느질할 때 안감에 부착하는데, 뻣뻣한 느낌이
필요할 때 좋고 선이 늘어나지 않게 방지하며 예쁜 곡선을
만들어줘요. 까슬까슬한 면이 접착제가 붙어 있는
면이므로 이 부분을 원단 안쪽에 대고 꾹꾹 눌러가며
다리면 됩니다.

손바느질의 기초

딸랑이나 인형 같은 작은 소품을 만들 때는 재봉틀보다
듬성듬성하고 삐뚤빼뚤한 바늘땀의 손바느질이 훨씬
멋스러우면서 작품의 맛이 살아납니다. 시침질을 하거나
창구멍을 막을 때도 손바느질로 해야 하니
기본적인 바느질법을 잘 익혀두세요.

실 자르기

쪽가위로 사선으로 자르면 바늘귀에 꿰기가 한결 쉬워요.

매듭짓기

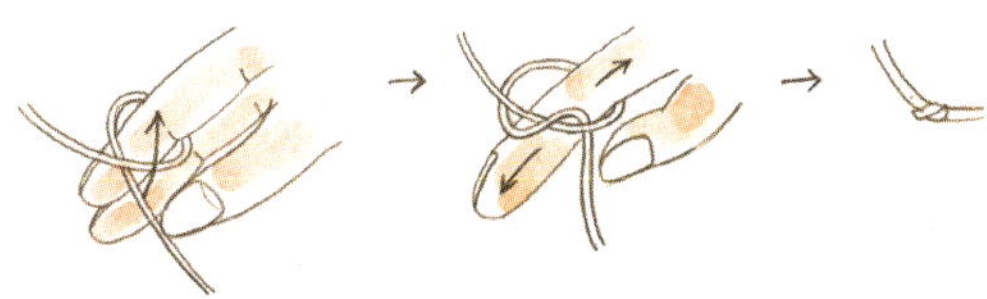

엄지로 실 끝을 잡고 검지에 실을 두어 번 감은 다음 실을
엄지와 검지를 맞대고 비벼서 꼽니다. 실이 꼬아진 부분을
손가락으로 누르면서 그대로 끝을 잡아당기면 동그란
매듭이 만들어져요.

바느질을 시작할 때

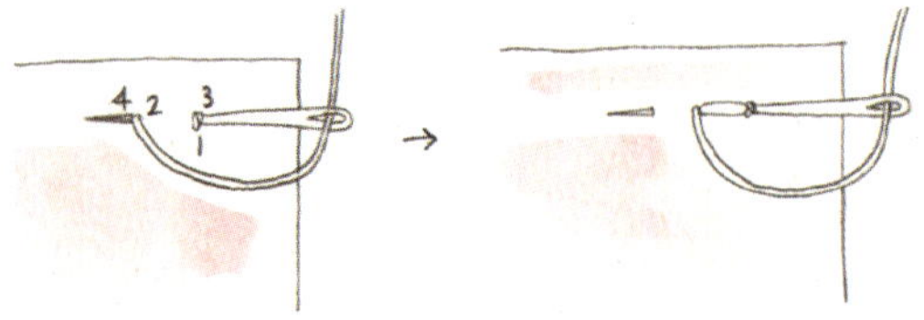

바느질을 시작할 때는 매듭 앞에서 땀을 두 번 떠주세요.

바느질을 마무리할 때

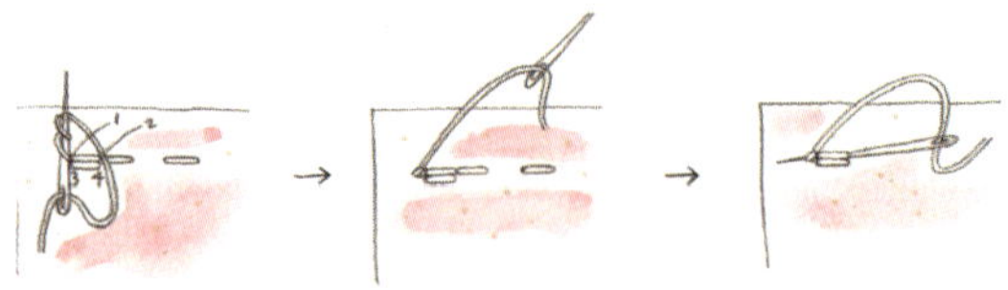

끝낼 때도 처음과 마찬가지로 땀을 두 번 떠주면
튼튼하게 마무리할 수 있어요.

홈질

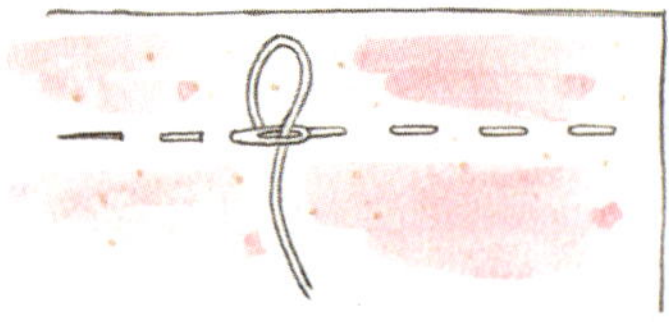

보통 두 장의 원단을 연결하거나 장식용 스티치에 많이
사용되는 기본적인 바느질법입니다. 일정한 간격(0.3~
0.4밀리미터)으로 바늘땀을 맞춰 한 번에 서너 땀씩 떠서
일직선으로 꿰매요. 바느질하는 중간 중간 실을 잡아당겨
원단을 좌우로 평평하게 펴주세요.

박음질

홈질보다 튼튼하고 촘촘하게 바느질하는 방법으로

재봉틀의 직선박기에 해당돼요. 실을 뺀 자리에서
한 땀 뒤로 바늘을 꽂아 넣고 처음 실을 뺀 자리에서
한 땀 앞으로 바늘을 빼내면 됩니다.

공그르기

공그르기는 실 땀이 시접 겉으로 나오지 않도록 속으로 떠서
꿰매는 바느질법입니다. 밖에서도 바늘땀이 보이지 않기
때문에 깔끔해서 창구멍을 막을 때 주로 사용합니다.
겉면으로 바늘땀이 거의 보이지 않도록 천이 안쪽으로
바늘을 통과시키면서 살짝만 뜹니다. 실은 한 줄만 사용하며
바늘땀 간격을 일렬로 맞춰야 깔끔해요.

창구멍

창구멍이란 천과 천의 겉끼리 마주 보게 꿰맨 다음
뒤집을 수 있도록 꿰매지 않고 남겨두는 공간을 말합니다.

바이어스 메이커

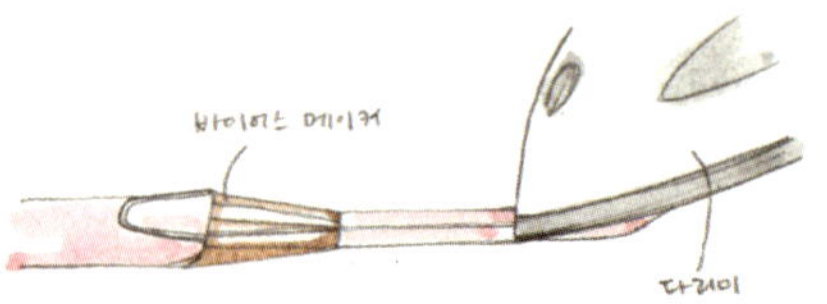

바이어스 테이프를 만들 때 사용하는 도구로 보통 18밀리미터
사이즈를 많이 사용합니다.

패턴 만들기

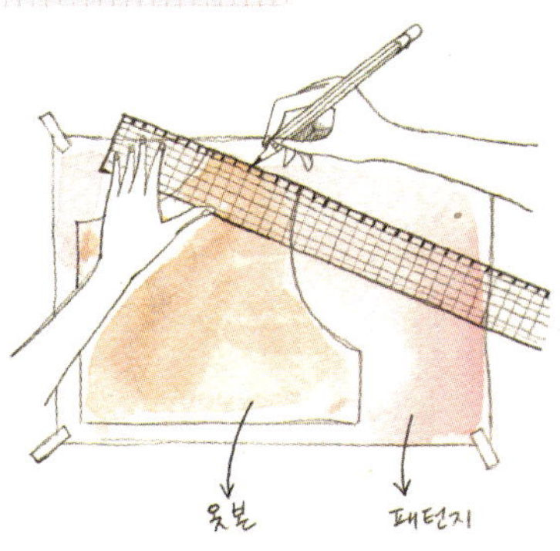

1. 만들고자 하는 옷의 실물 패턴 위에 패턴지(기름종이
또는 부직포)를 올려놓으세요.
스카치테이프나 시침핀으로 고정한 다음, 자와 수성펜을
사용해 패턴을 옮겨 그리세요.
이때 원단 식서나 접힘 트임 표시, 부위명도 함께
표시해줍니다.

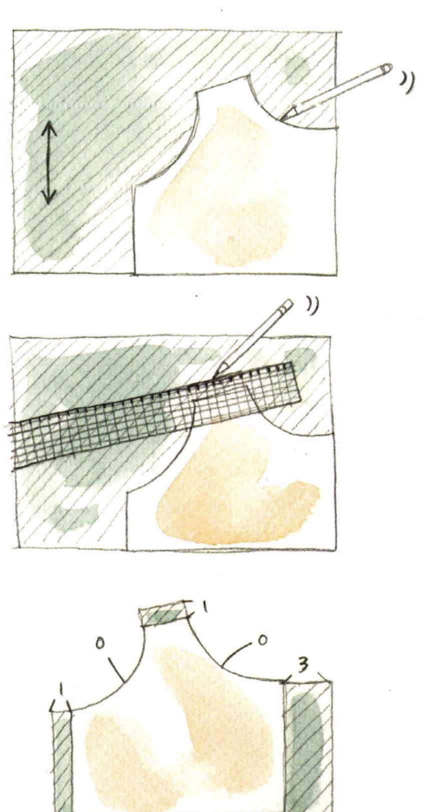

2. 패턴 형태를 그리면서 패턴에 표시된 세세한 부분도

함께 표시해줍니다. 책에 실린 실물 패턴은 경우에 따라
시접분이 포함된 것과 그렇지 않은 것이 있습니다.
설명서에 표시된 분량만큼 시접을 더해 그리세요.

3. 거의 모든 패턴은 반쪽만 그려져 있습니다.
구김 없이 잘 정리한 옷감을 식서 방향으로 반을 접은
상태에서 패턴에 그려진 식서 표시를 옷감의 길이 방향에
맞춰놓고 시침핀으로 고정합니다. 원단을 두 겹으로 겹친
상태에서 재단한 다음 패턴을 뒤집어 다른 쪽도
같은 방법으로 표시하고 자르면 마름질이 완성됩니다.

아이의 신체 사이즈를 잘 재고 도표를 이용해
아이에게 맞는 크기를 정하세요. 아이마다 총 기장이
다를 수 있으니 항상 확인해야 합니다.

치수 재기

옷을 만들기 전 아이의 신체 사이즈를 정확하게 재는 것은 무척 중요합니다.

이 책의 패턴은 아래 사이즈의 아이가 입었을 때 가장 귀엽게 보이는 라인입니다.

아래의 표를 아이의 신체 사이즈와 비교해가며 정확하게 재어 소매나 옷 길이를 조절해주세요.

너무 어린 아기는 최대한 움직이지 않은 상태에서 치수(신장 또는 가슴둘레)를 잽니다.

지나치게 큰 옷은 입기 불편하고, 모양도 볼품없이 나올 수 있으니

미리 여유분을 더할 필요는 없습니다.

모든 아이템들은 사이즈에 맞는 패턴들로 되어 있으며, 원피스, 치마, 바지는

늘리거나 줄이기 쉬운 형태입니다. 현재 아이가 입는 옷을 패턴 위에

펴놓고 비교하며 재는 것도 편리합니다.

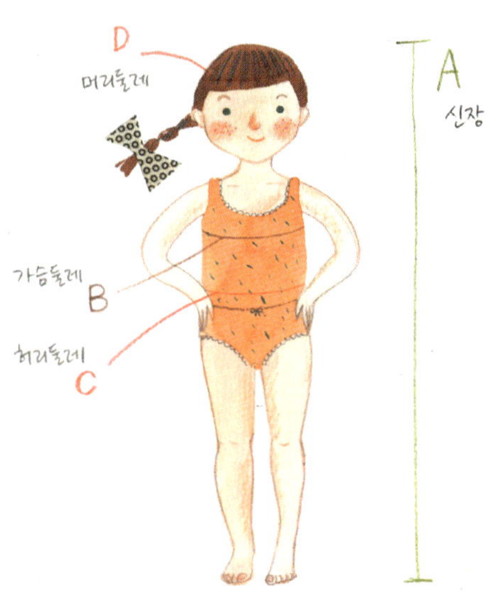

치수	1개월	3개월	6개월	12개월	2살	4살	6살
A 신장	55cm	60cm	67cm	74cm	86cm	102cm	114cm
B 가슴둘레	40cm	43cm	46cm	49cm	52cm	56cm	60cm
C 허리둘레	36cm	40cm	44cm	48cm	52cm	54cm	56cm
D 머리둘레	37cm	40cm	43cm	46cm	49cm	50cm	51cm

엄마 손으로 직접 만드는 출산용품·소품·아이 옷

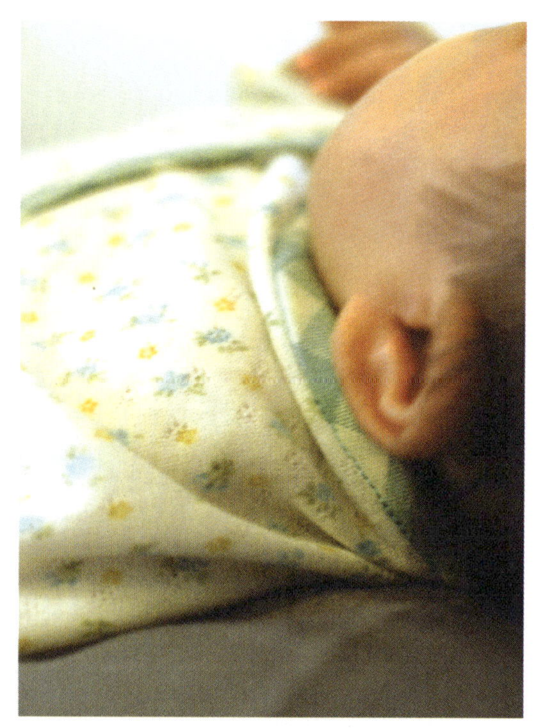

배냇저고리

출산 후 첫 달은 아기의 체온을 잘 유지해주고 갈아입힐 때
불편하지 않도록 단순한 형태의 배내옷이 필요해요.
배내옷은 엄마가 아이와의 만남을 기다리며 준비하는 첫 번째
선물입니다. 바느질이 처음이라면 바이어스를 두르는 것이
어렵게 느껴지겠지만, 한 땀 한 땀 특별한 사랑을 담아
만들어보세요.

how to make → *page 116*

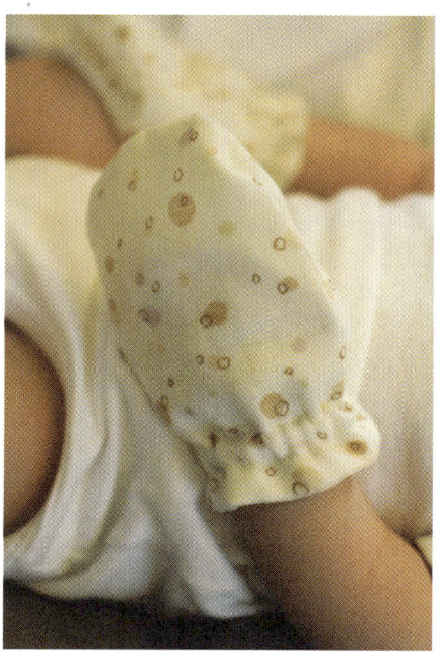

손싸개, 발싸개

아기들은 태어나면 한동안 배냇저고리만 입고 지내기 때문에 속싸개를 풀어야 할 때나
온도가 낮은 곳에서 체온 유지를 위해 손발을 감싸주는 것이 좋아요. 특히 손싸개는 손발이
자기도 모르게 움직이는 아기가 손톱으로 얼굴에 상처를 내는 걸 방지하는 역할도 합니다.

how to make → *page 118, 119*

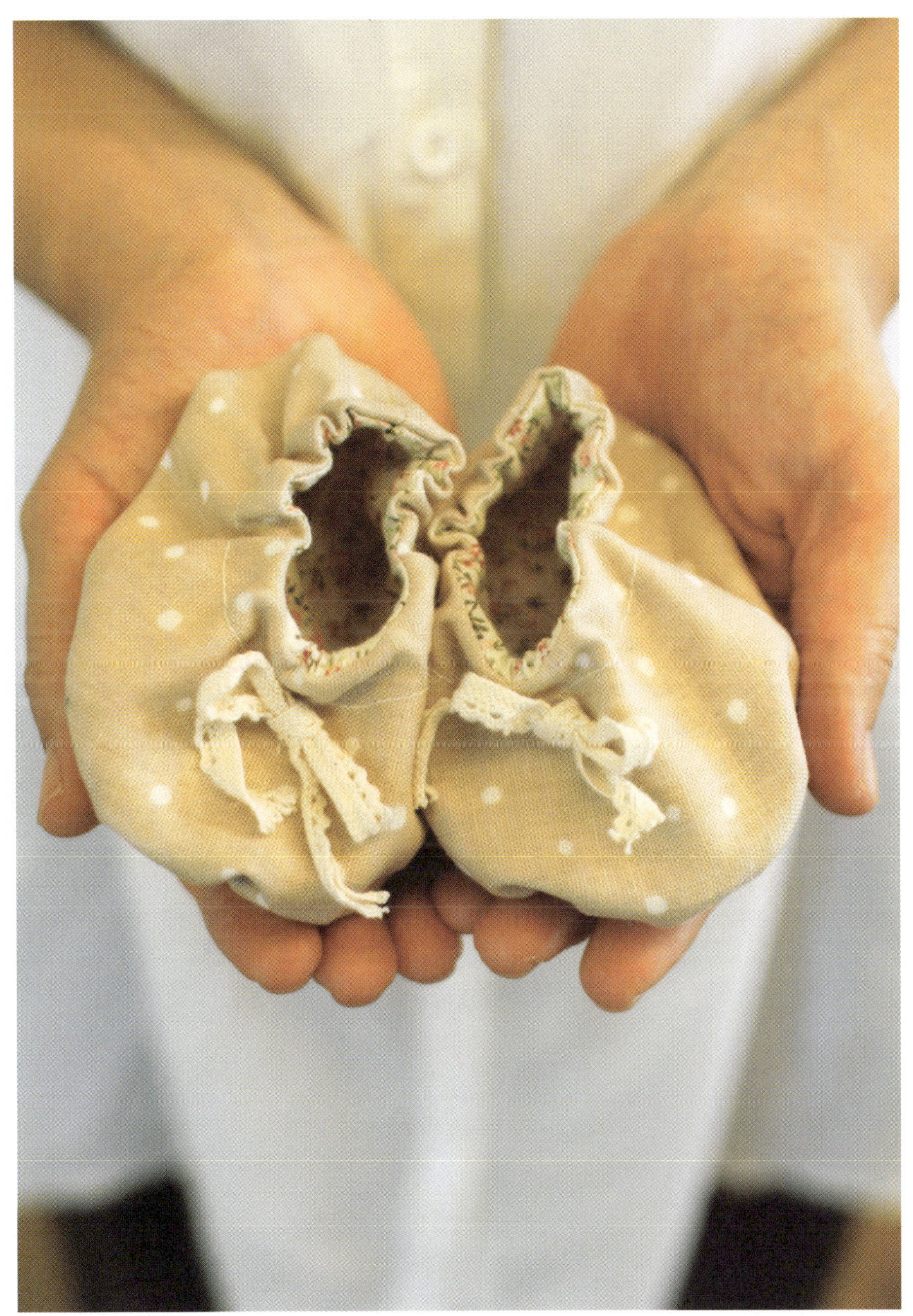

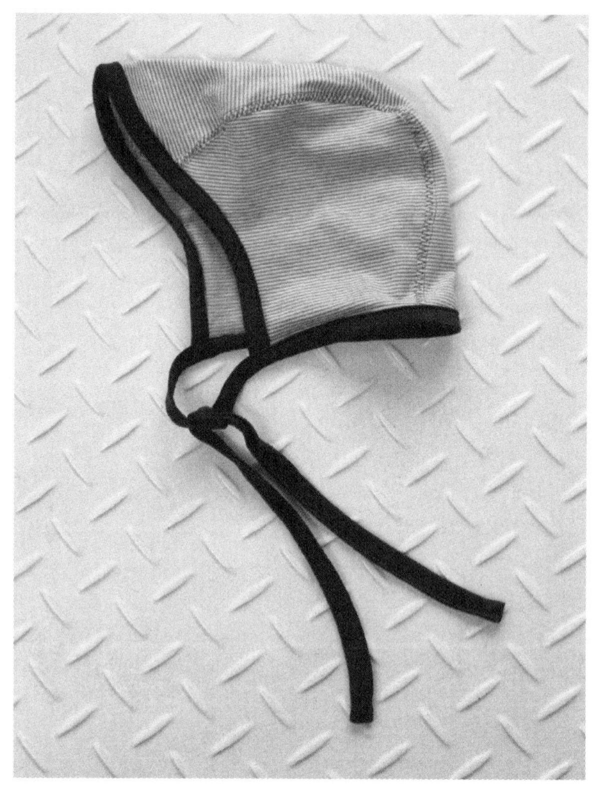

파일럿 캡

머리숱이 적은 영유아기에는 머리를 따뜻하게 감싸주는 모자가 꼭 필요해요.
파일럿 캡은 편하게 씌우고 벗길 수 있으며, 머리 크기에 딱 맞게 씌우면 아기의
통통한 볼이 강조되어 더욱 사랑스러워 보인답니다.

how to make → *page 120*

막대 딸랑이

아기가 손으로 물건을 잡기 시작하면, 딸랑거리는 소리가 나는 장난감을 쥐어주세요.
잡았다 이내 놓치면서도 호기심을 보이며 무척 즐거워한답니다. 손 근육 발달에도 좋아요.
how to make → *page 122*

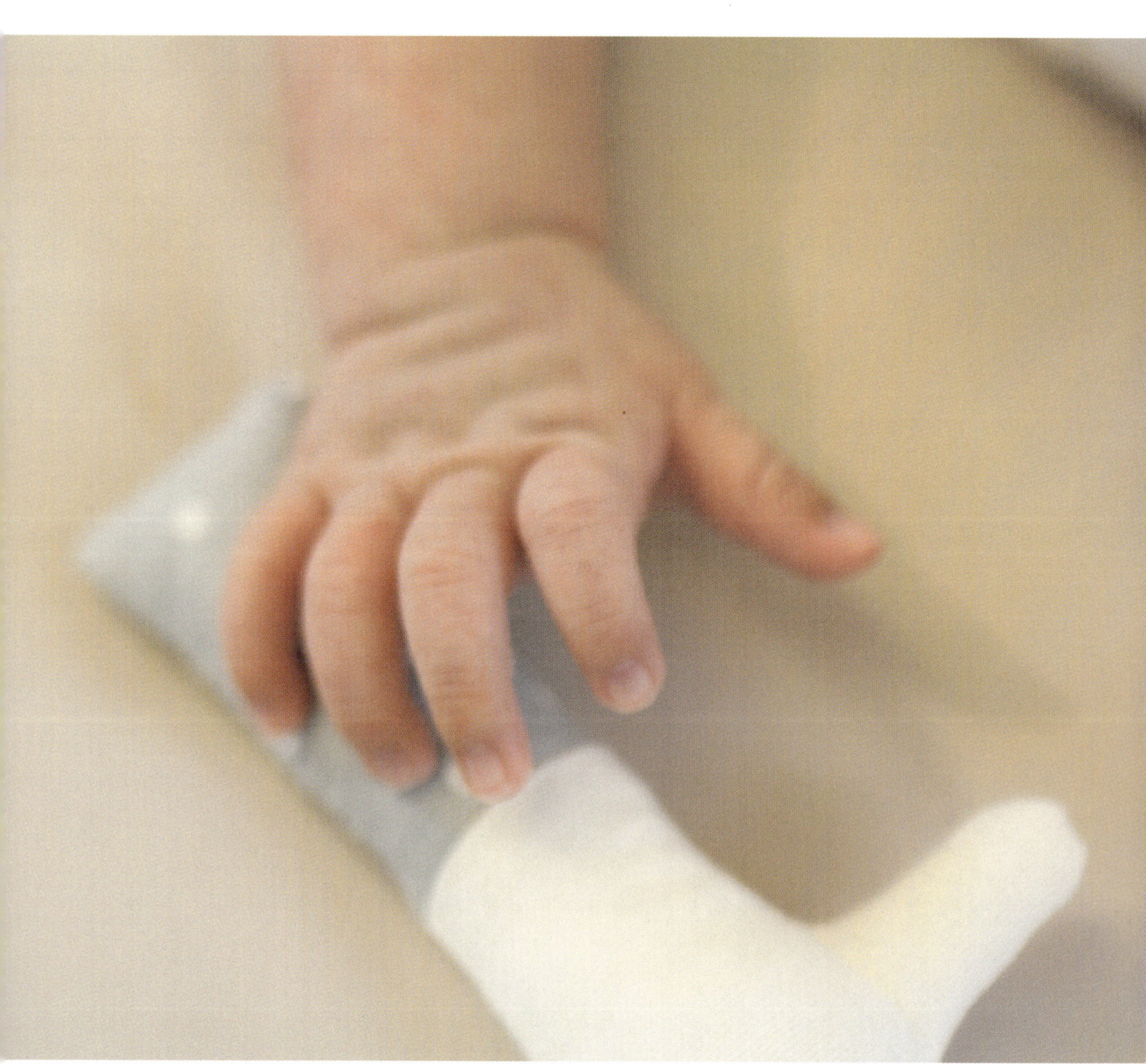

양면 턱받이

젖니가 나기 시작할 때, 젖을 떼고 이유식을 먹을 때
턱받이는 없어서는 안 되는 아이템입니다. 엄마의 취향과
애정이 깃든 턱받이를 넉넉히 준비해보세요.

how to make → *page 124*

플라워 턱받이

how to make → *page 126*

짱구 베개

머리 모양을 예쁘게 만들어주는 짱구 베개를 사용하면 아기를 엎어 재우지 않아도 돼요.
몸에 채 땀구멍이 형성되지 않은 아기들은 주로 잘 때 머리에서 땀을 흘리며
체온 조절을 해요. 그래서 베개 커버는 땀을 잘 흡수하고 통기성이 뛰어난 천으로
만드는 것이 좋아요.

how to make → *page 125*

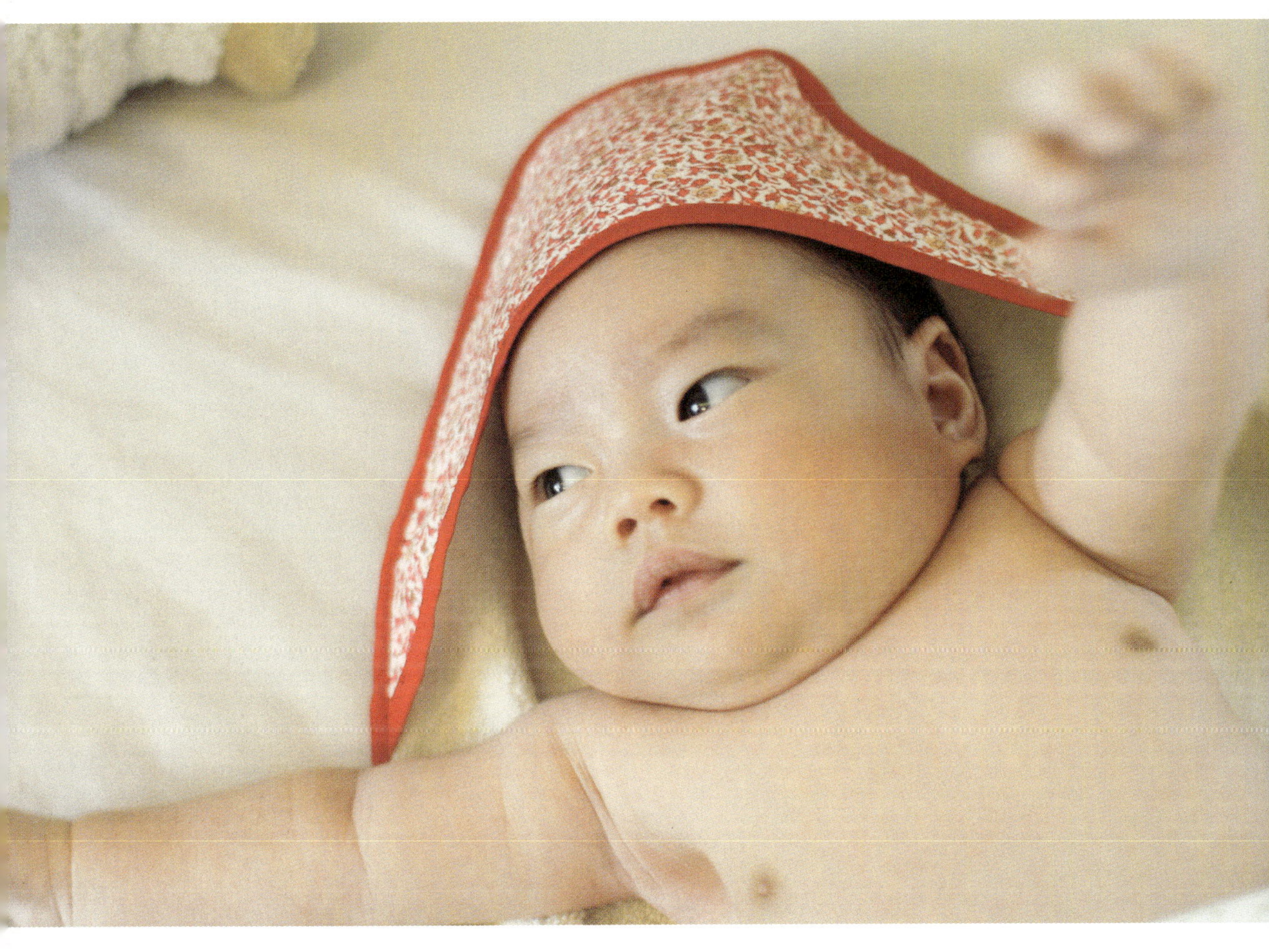

목욕 타월 세트

속싸개 패턴을 이용해 만든 목욕 타월과 장갑 세트예요.
아기를 씻긴 다음 감기에 걸리지 않도록 목욕 타월로 재빨리 온몸을 감싸주세요.
장시간 누워 있는 아기의 혈액순환을 위해 마사지를 할 때도 목욕 타월이 유용해요.
고깔 모자를 달아주면 외출할 때 모자를 씌우지 않아도 되고
고깔 모자 없이 만들면, 아이가 커서 사이즈가 맞지 않게 돼도
배앓이 방지 덮개로 활용할 수 있답니다.

how to make → page 128

슬리핑 백

아기들은 잠을 잘 때 발을 버둥거리기 때문에 이불을
차버리기 일쑤입니다. 그럴 때 슬리핑 백을 사용하면 정말 유용해요.
속싸개처럼 안정감을 느끼게 해줘서 엄마와 아기 모두
편안하게 잘 수 있도록 도와줍니다.

how to make → page 130

겉싸개

색감과 디자인이 독특한 아기 겉싸개입니다.
추운 겨울 외출할 때 아기를 따뜻하게 감싸줘서 꼭 필요한 아이템이에요.
여름에는 매트나 이불 대용으로 활용할 수 있어요.

how to make → *page 132*

양면 이불

자투리 천을 이어 테두리를 둘러 만든 아기 이불이에요.
돌이 지나서도 사용할 수 있도록 넉넉한 크기로 만들면 좋아요.
처음에는 크기가 커서 바느질하기 부담스러울 수도 있지만
담요나 이불은 늘 아기와 함께하는 물건이니 정성 들여 만들어보세요.
엄마의 사랑이 담긴 만큼, 아기들은 이불이 낡고 해져도
애착을 쉽게 버리지 못한답니다.

how to make → *page 133*

매트리스 커버

how to make → *page 137*

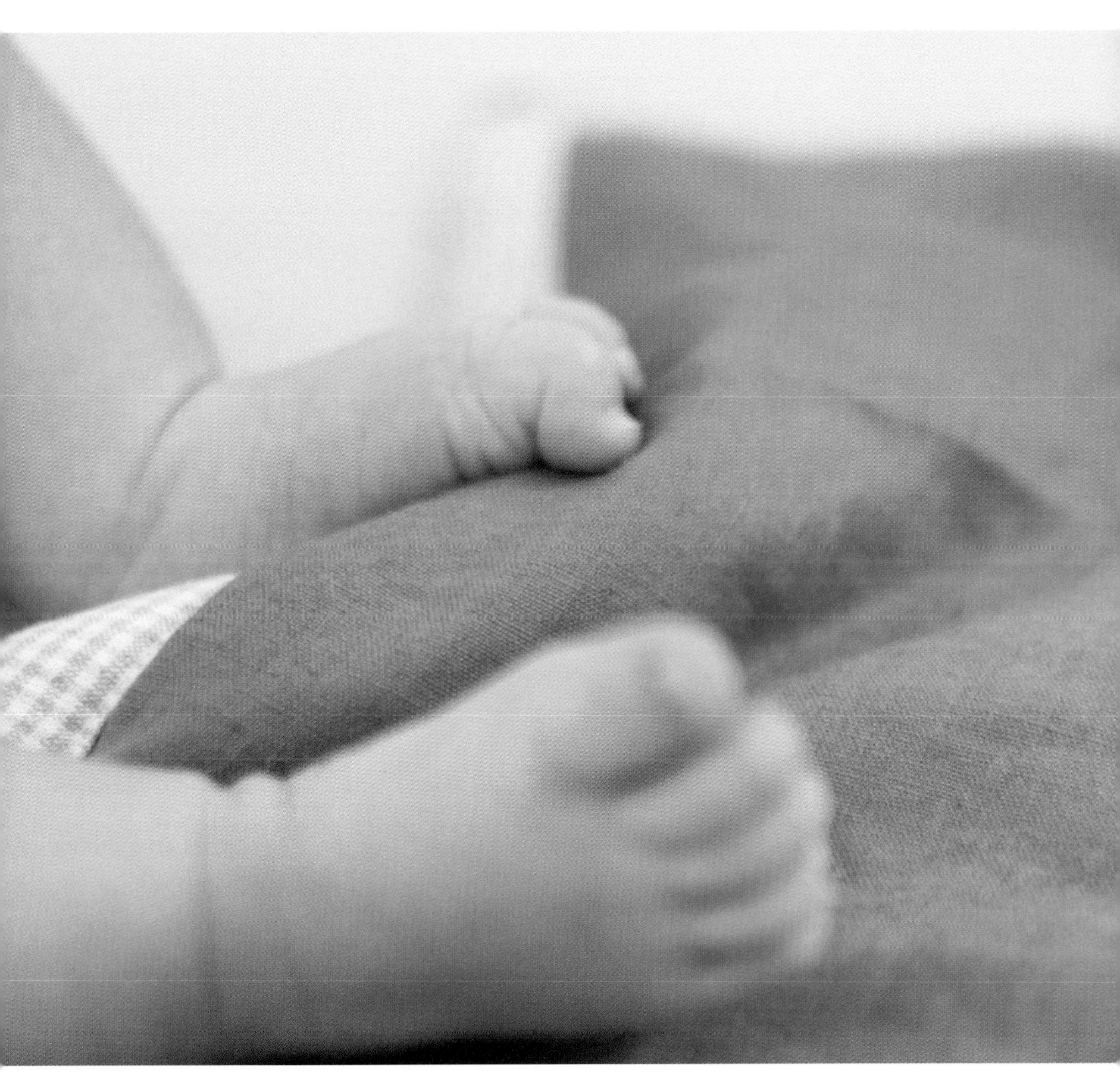

패브릭 블록

알록달록 다양한 색의 자투리 천으로 만든 장난감 블록이에요.
솜 안에 딸랑이를 넣거나, 아기가 던지며 놀 수 있도록 좁쌀 등의 곡물로 채워도 좋아요.
아기가 누워만 있을 때는 긴 끈을 이용해 침대 위에 걸쳐놓으세요.
모빌처럼 아기의 눈을 자극하고 호기심을 불러일으킨답니다.

how to make → *page 134*

비구름 모빌

오래 봐도 질리지 않도록 단순한 형태와 부드러운 색감의 천으로 만든 모빌이에요.
집중력이 짧은 아기들은 빙글빙글 도는 모빌을 오래 보면 금세 피로감을 느끼고 싫증을 내거든요.
모빌 사용 기간이 지나면 아이 방 벽에 걸어 장식용 소품으로 사용해도 좋아요.

how to make → *page 135*

수납 상자

안쪽에 빳빳한 퀼팅솜을 덧대 만든 패브릭 수납 상자입니다.
기저귀와 젖병 등 자잘한 아기 물건들을 보기 좋게 정리해보세요.

how to make → *page 136*

고리 손수건

아이를 키울 때 가장 많이 사용하는 것 중 하나가 바로 손수건이에요.
한쪽 귀퉁이에 긴 고리 끈을 달아 어디든 고정해놓을 수 있도록 만들었어요.
외출할 때 유모차에 매달아도 좋고, 아이 옷에 묶어둘 수도 있답니다.
그러면 필요할 때 가방을 뒤지는 일 없이 바로 사용할 수 있어요.
잃어버리기 쉬운 노리개 젖꼭지를 연결해놓아도 좋습니다.

how to make → *page 138*

산모 수첩 커버

아이를 가지면 엄마에겐 필요한 것들이 많아집니다. 산모 수첩도 그중 하나이지요.
임신 기간 중 몸의 변화, 건강 상태, 아이의 성장 과정 등을 기록해둔 산모 수첩에
커버를 씌워 소중하게 간직하세요.

how to make → *page 139*

보닛

외출할 때 아이에게 보닛을 씌워보세요.
사랑스럽기 그지없어 어딜 가나 눈길을 끌 거예요.
특히, 여자아이에게 잘 어울린답니다.
how to make → *page 140*

아기 신발

걷기 전 아기를 위한 외출용 신발이에요.
서양에서는 아기 신발이 행운을 준다고 믿어서
엄마 혹은 할머니가 가장 먼저 만들어주는
선물이라고 합니다.
아기에게 예쁜 행운을 선물해보세요.

how to make → *page 142*

파우치

아이와 외출하려면 기저귀, 젖병, 여분의 옷 등 챙겨야 할 것들이 많아요.
그럴 때 파우치가 있으면 복잡한 가방 안을 깔끔하게 정리할 수 있지요.
용도에 따라 크기를 다르게 만들어보세요.
아이가 크면 어린이집이나 유치원 준비물을 담아 보내기에도 좋고
신발 주머니나 보조 가방으로 활용할 수도 있어요.

how to make → *page 141*

러플 블라우스

프렌치 감성이 묻어나는 클래식한 느낌의 블라우스에요.
주름 잡힌 러플 칼라가 마치 꽃 같아 아이를 더욱 사랑스러워 보이게 합니다.
쉽게 입히고 벗길 수 있도록 뒤트임 형식으로 디자인되어 있으며
블루머와 매치하면 그 진가가 드러납니다.

how to make → *page 144*

블루머

자연스럽게 주름을 잡아 착용감이 뛰어난
블루머는 여름에 무척 유용해요.
블라우스나 심플한 탑 등 다양한 상의와
매치하면 깜찍한 룩이 완성됩니다.
외출복으로도 손색이 없답니다.

how to make → *page 146*

백 버튼 셔츠

군더더기 없는 디자인이 돋보이는 보이 셔츠입니다.
배기 팬츠와 매치하면 세련되면서도 깔끔해 자꾸 시선이 간답니다.

how to make → *page 148*

배기 팬츠

허리가 밴드 처리되어 편하게 입을 수 있는 배기 팬츠에요.
과감한 무늬의 원단을 사용하면 한층 멋스러울 뿐만 아니라, 어떤 상의외도 잘 어울려요.
바짓단을 접어 입으면 색다른 느낌을 연출할 수 있습니다.

how to make → *page 159*

롬퍼

형태는 단순하지만, 아기에게 입히면 정말 귀여운 바디슈트입니다.
일체형이라 배를 다 덮을 수 있고 기저귀도 쉽게 갈 수 있어요.
몸에 붙지 않아, 활동하기에도 편합니다.
how to make → *page 150*

슬리브리스 원피스

돌잔치처럼 특별한 날, 엄마가 정성 들여 만든 원피스를 입혀보는 것은 어떨까요?
요란하지 않고 클래식한 디자인이 오히려 아이를 돋보이게 만들어줄 거예요.

how to make → *page 152*

슬리브리스 원피스

돌잔치처럼 특별한 날, 엄마가 정성 들여 만든 원피스를 입혀보는 것은 어떨까요?
요란하지 않고 클래식한 디자인이 오히려 아이를 돋보이게 만들어줄 거예요.

코지 팬츠

입으면 무척 편해서 활동적인 남자아이들이 좋아하는 바지에요.
바지 밑단에 고무줄을 넣으면 소시지 바지로 변신하기도 하고,
천의 종류와 무늬에 따라 느낌이 완전히 달라진답니다.

how to make → *page 154*

탱크 톱

어깨가 시원하게 드러나 여름에 입히기 좋은 탑이에요.
레깅스나 팬츠, 블루머 등과 매치하면 가볍고 경쾌해 보입니다.
how to make → *page 156*

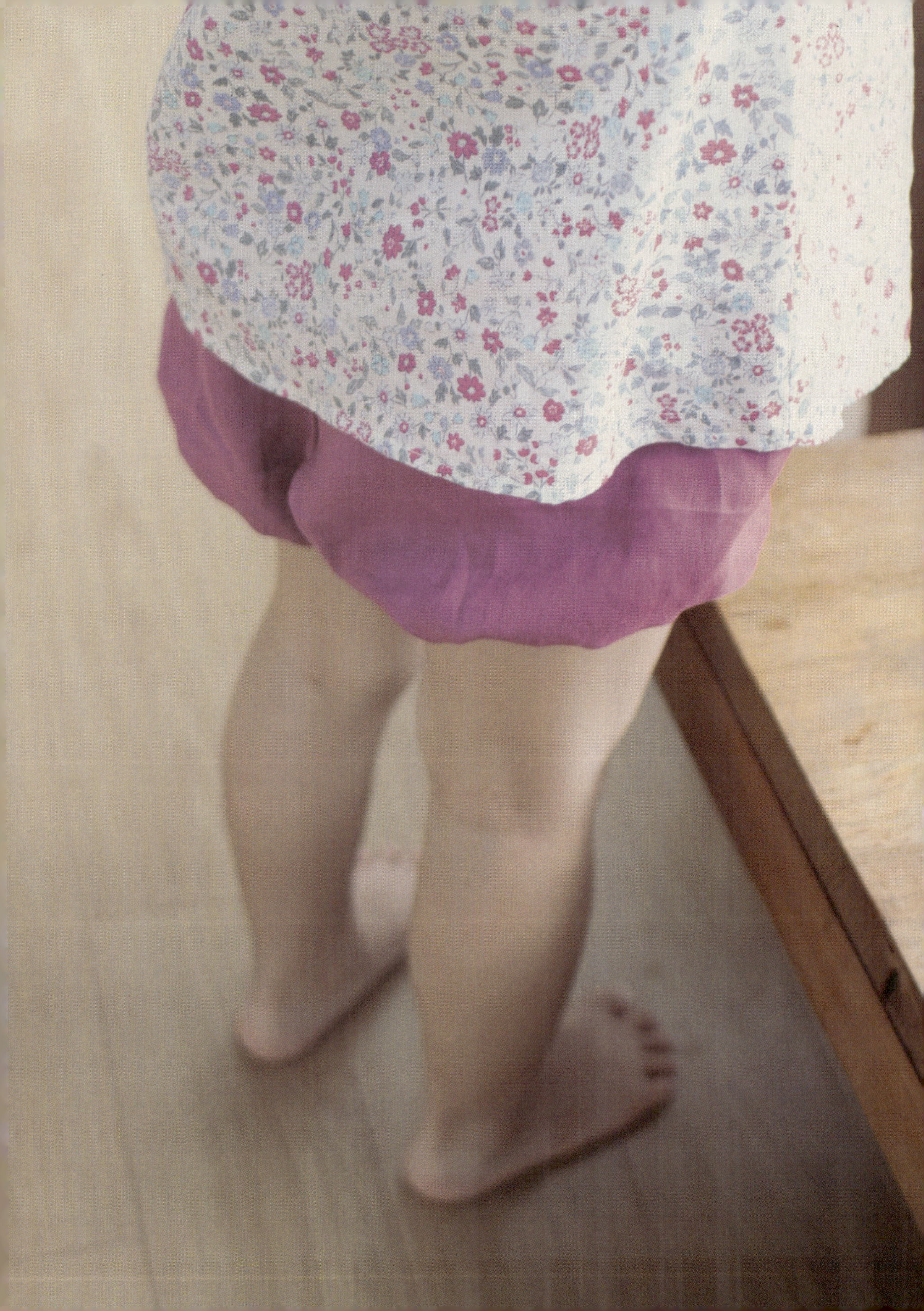

퍼프 쇼츠

토들러를 위한 블루머에요.
마치 안 입은 것처럼 착용감이 좋아 활동하기에 무척 편해요.
블라우스나 탑과 매치하면 외출복으로도 손색이 없습니다.

how to make → *page 158*

튜닉 원피스

시선을 끄는 색감과 멋스러운 디자인이 매력적인 원피스에요.
목선에 잡힌 셔링과 리본 등 디테일한 부분은 취향껏 변형시켜도 좋아요.

how to make → *page 160*

곰 인형

엄마 손으로 직접 곰 인형을 만들어 아이에게 든든한 친구를 선물해보세요.
인형은 크기, 사용하는 재료에 따라 느낌이 완전히 달라져서 만드는 과정도
무척 재미있답니다.

how to make → *page 162*

반소매 블라우스

잔잔한 플라워 프린트가 예쁜 블라우스에요.
쇼트 팬츠와 함께 입으면 단정하고 고급스러워 보여요.

how to make → *page 173*

쇼트 팬츠

독특한 뒷주머니가 포인트인 쇼트 팬츠입니다.
허리를 밴드 처리해서 언제 어디서나 편하게 입을 수 있어요.

how to make → *page 164*

파자마

성인의 잠옷 바지를 그대로 축소한 듯한 일자형 파마자에요.
아이의 마음에 쏙 드는 파자마를 선물해보세요.

how to make → *page 166*

보이 셔츠

심플하고 클래식한 느낌의 기본 셔츠에요.
특별한 날, 특별한 자리에서 사람들이 눈여겨보게 만드는 매력이 있답니다.

how to make → *page 168*

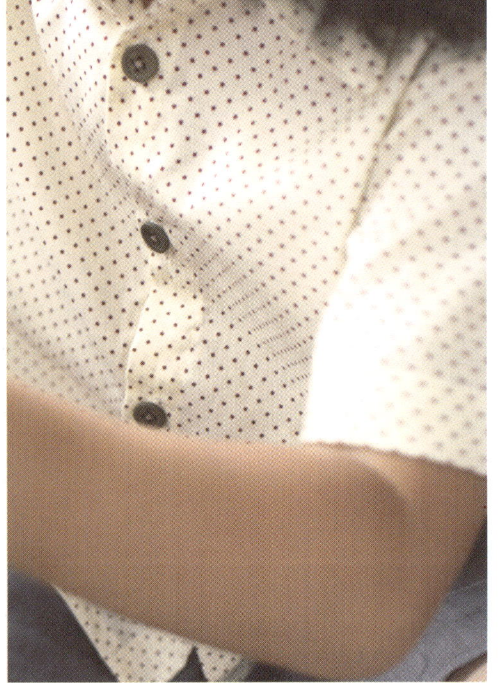

보이 팬츠

댄디한 분위기를 연출할 수 있는 보이 팬츠입니다.
허리가 밴드 처리되어 착용감이 편하고,
적당히 넓은 바지통이 멋스러운 라인을 만들어줍니다.

how to make → *page 170*

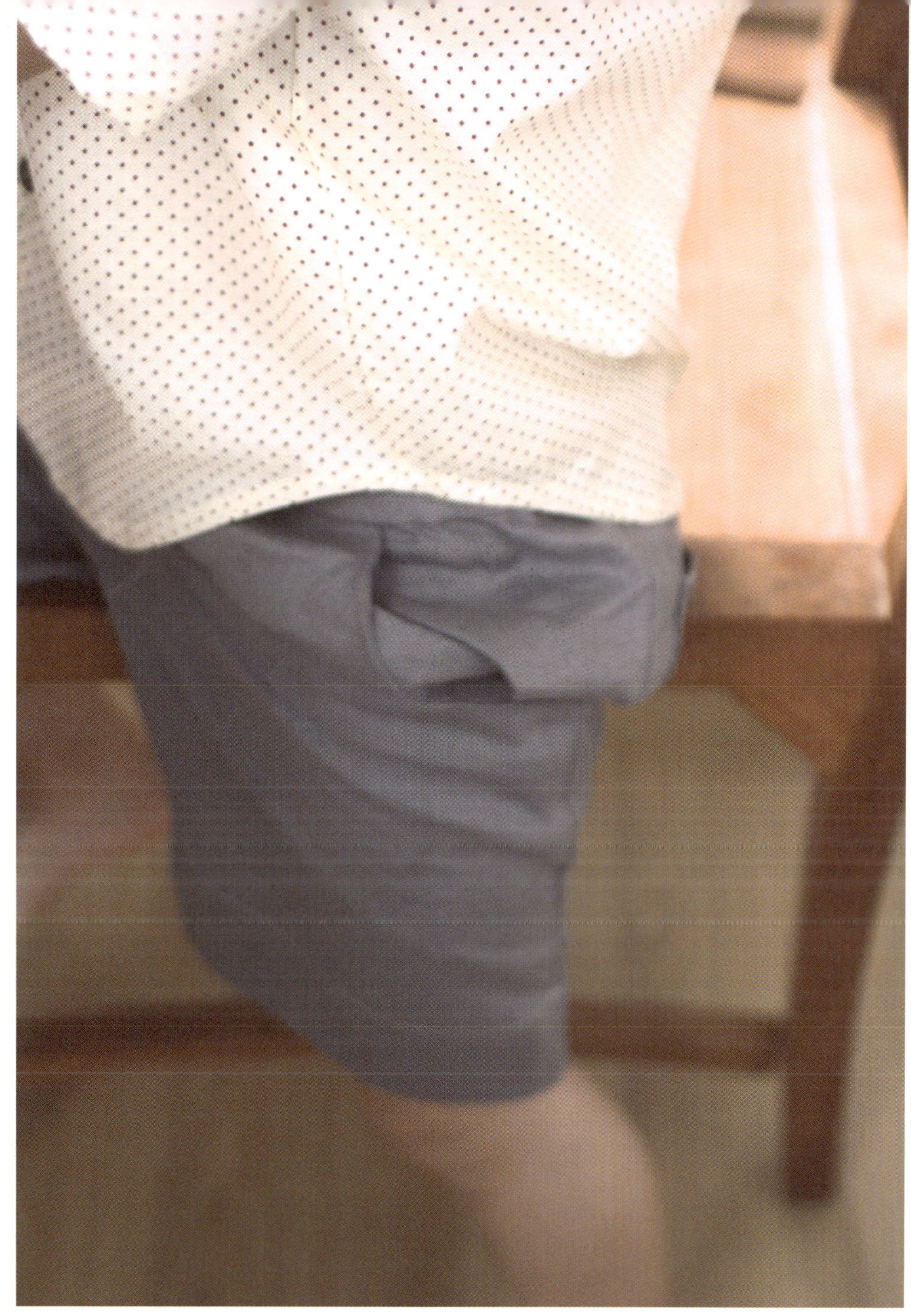

보이 모자

어떤 옷차림에도 잘 어울리는 챙 모자입니다.
겉감은 차분한 색감으로, 안감은 밝은 색감에 화사한 무늬가 들어간 원단을 사용했어요.
실용적이면서도 고급스러워, 아이를 가진 지인들에게 선물하기에 좋아요.
how to make → *page 172*

튜닉 블라우스

나그랑 소매의 기본 블라우스에요.
네크라인과 소맷부리를 고무줄로 처리해 편안하고,
활동적이면서 우아한 느낌을 줍니다.

how to make → *page 160*

롱 팬츠

바지통이 아래로 내려갈수록 넓어지는 디자인이에요.
어떤 상의와도 잘 어울리는 기본 바지입니다.

how to make → page 174

튤립 모자

간단하게 만들 수 있는 여아용 모자에요.
튤립 모양의 챙 사이사이로 보이는 화사하고 귀여운
플라워 프린트가 자꾸만 시선을 끌어요.

how to make → *page 176*

토들러 턱받이

유치원에 다닐 정도로 성장해도 아이들은
여전히 음식을 흘리거나, 음료를 엎지르곤 합니다.
이럴 때 배 전체를 덮을 만큼 커다란 턱받이가 있다면 무척 유용해요.
외식을 할 때 예쁜 외출복에 음식 얼룩이 생기지 않도록
외출용 턱받이도 준비해보세요.

how to make → *page 177*

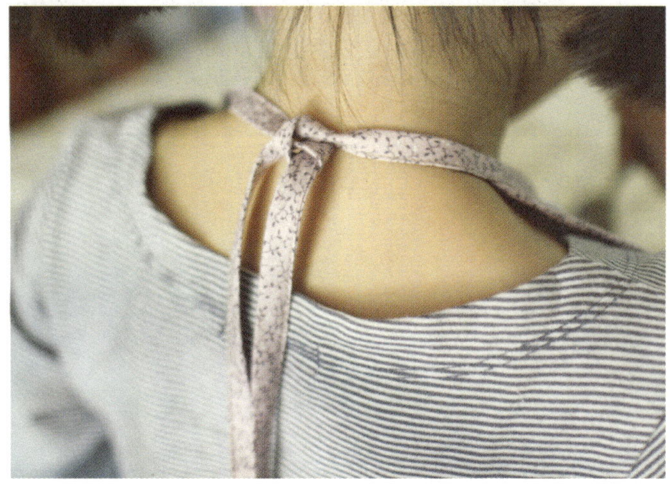

러플 소매 원피스
걸리시한 느낌이 돋보이는 가벼운 소재의 여름 원피스입니다.
잔잔하면서도 세련된 리버티 원단을 사용해 사랑스러움을 한껏
강조했어요. 은은한 무늬의 천을 사용하면 순수하고 맑은
느낌의 원피스를 만들 수 있어요.
how to make → *page 178*

레이어드 스커트

원단 폭을 넓게 잡아 주름을 잔뜩 넣은 스커트에요.
아이가 움직일 때마다 치맛자락이 팔락거려
공주가 된 듯한 기분이 들게 해준답니다.
how to make → *page 180*

아이들은 엄마와 함께 요리하는 것을 무척 즐거워해요.
특히, 소꿉놀이를 할 나이가 되면 엄마 역할을 하고 싶어 합니다.
이럴 때 앞치마와 머릿수건을 둘러주면 아이가 정말 기뻐한답니다.
적극적으로 엄마 일을 돕기도 하지요.

how to make → *page 182*

크로스 백

외출할 때 아끼는 인형이나 좋아하는 물건을 들고가길 원하는
아이를 위해 작은 가방을 하나 마련해주세요.

how to make → *page 184*

놀이 인형

인형은 언제 어디서나 손쉽게 살 수 있지만
엄마가 한 땀 한 땀 정성으로 만든 인형은 아이에게 남다른 의미로 남습니다.
평생 기억에 간직할 소중한 선물을 해주세요.

how to make → *page 186*

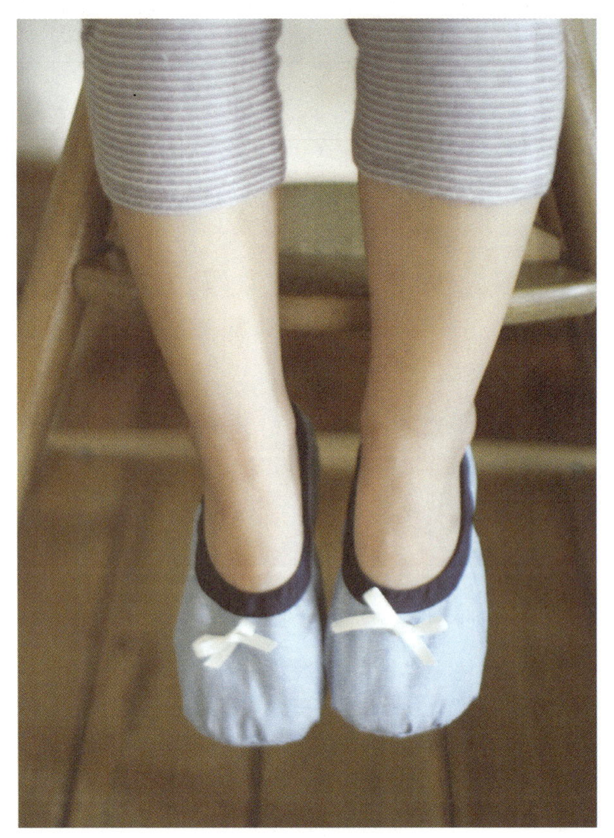

실내화

정갈하고 단아한 느낌의 실내화에요. 리본 대신 단추 등 다른 장식을 달거나
안감의 무늬도 색다른 것으로 골라 만들어보세요.

how to make → *page 188*

조끼

남아 여아 모두 입을 수 있는 환절기용 조끼에요.
겉감으로 포근한 털 원단을 사용하면, 느낌이 전혀 달라진답니다.
how to make → *page 190*

민소매 원피스

길고 넓은 레이스로 어깨 끈을 대신한 원피스에요.
아이를 스타일리시하면서 매력적으로 보이게 만들어준답니다.

how to make → *page 192*

머리띠

머리카락을 단정하게 정리해주는 머릿수건 형태의 머리띠에요.
끝단이 하나로 고무줄 처리되어 있어 아이 혼자서도 쉽게 착용할 수 있습니다.
how to make → *page 194*

머리끈

여자아이에겐 항상 필요한 머리끈입니다.
간단하게 만들 수 있어서 유치원 또는 학교 친구들의
생일 선물로 주기에도 좋아요.

how to make → page 195

HOW TO MAKE

일러두기

1. 표기된 수치의 단위는 센티미터(cm)입니다.
2. 표기된 원단의 가로 세로 길이는 해당 패턴 중 가장 큰 사이즈를
기준으로 정한 것입니다. 아이의 신체 치수에 맞춰 적절히 가감하세요.
3. 패턴의 위치를 표기하지 않은 아이템은 패턴이 따로 필요 없는 것입니다.
해당 페이지의 설명서에 적힌 치수대로 재단하면 됩니다.
4. 원단의 종류를 따로 표기하지 않은 아이템은 취향대로 천을 골라 사용하면 됩니다.

배냇저고리

0~1개월 (패턴 1 - 초록색)

준비물

40수 양면 다이마루 72 x 72cm
폭 4cm 바이어스 22cm 2개
폭 4cm 바이어스 82cm 1개

Tip

올이 풀리기 쉬운 거즈 원단은
시접을 통솔 처리하면 깔끔해요.
작품의 완성도도 훨씬 높아질뿐더러
자주 세탁해도 옷이 튼튼하게 유지되거든요.
여름용 배냇저고리는 얇고 통기성이 좋은
더블거즈를 써도 좋아요.

만들기

1. 배냇저고리를 안감이 보이게 놓고 소매단과
밑단, 앞 중심 시접을 안으로 1cm 접고 다시
1cm 접어 다림질한 후 지그재그 스티치하세요.
(다이마루는 시접을 지그재그 스티치로
처리하면 신축성이 좋아져 편안해요.)
2. 소매에서 옆선을 박음질로 연결하세요.
이때 길이 20cm 바이어스를 오른쪽 겨드랑이
사이에 넣고 함께 박음질하세요.
3. 옷을 겉감이 보이게 뒤집고 다림질한 후
시접을 감싸는 느낌으로 홈질 스티치하세요.
이때 길이 20cm 바이어스를 왼쪽 겨드랑이
사이에 넣고 단단히 박음질하세요.
4. 목둘레에 바이어스를 대고 박음질하세요.
5. 바이어스를 말아 접어 넘기고 박음질로
마무리하세요.

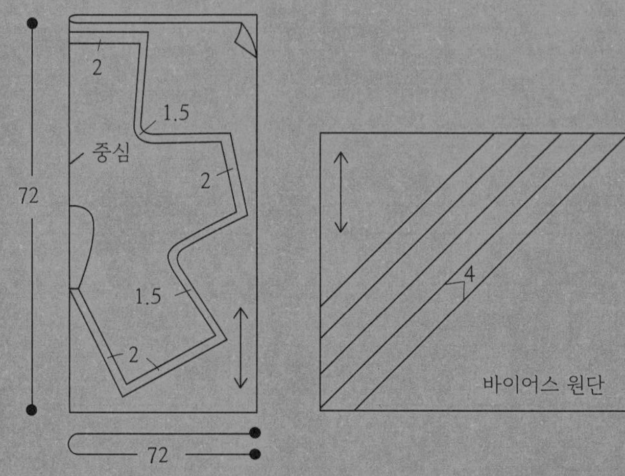

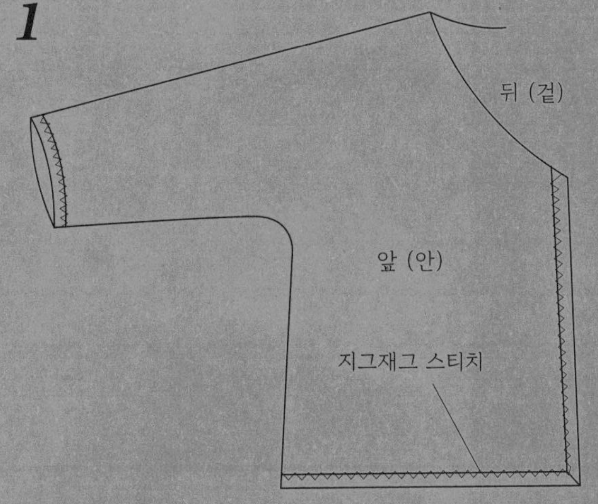

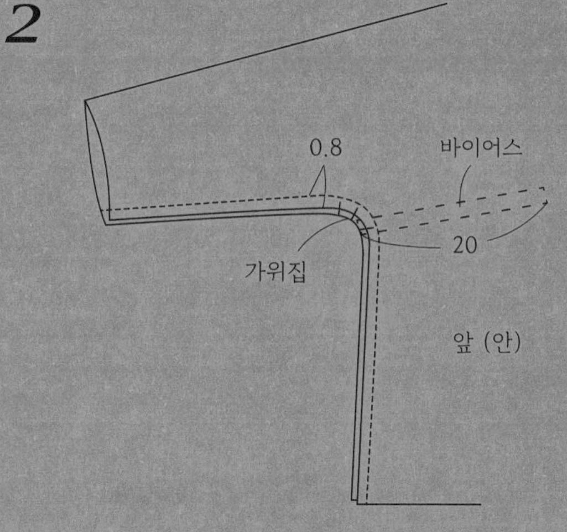

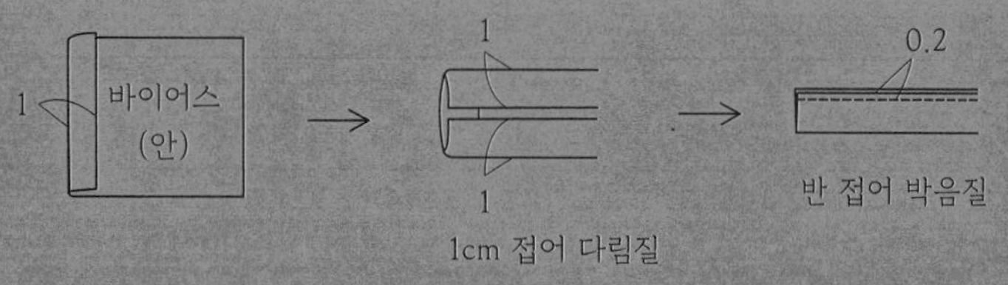

1
바이어스
(안)
1
1
1cm 접어 다림질
0.2
반 접어 박음질

3

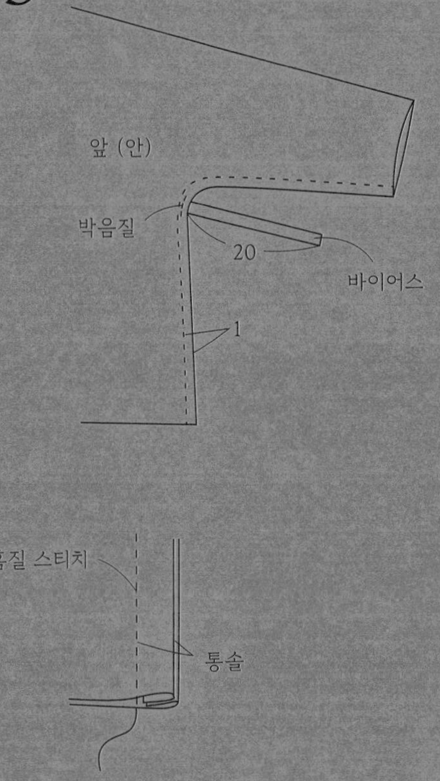

앞 (안)
박음질
20
바이어스
1
홈질 스티치
통솔

4

0.9
바이어스 테이프의
겉과 몸판의 안쪽을
맞대고 박음질
21
바이어스 (안)
몸판 (안)

5

1
뒤 (안)
0.2
앞 (겉)

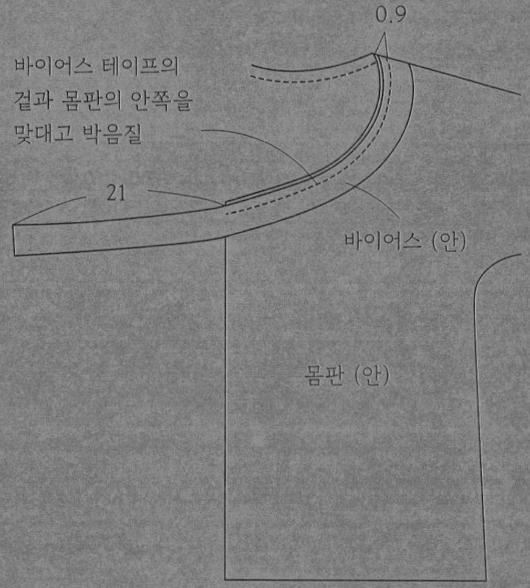

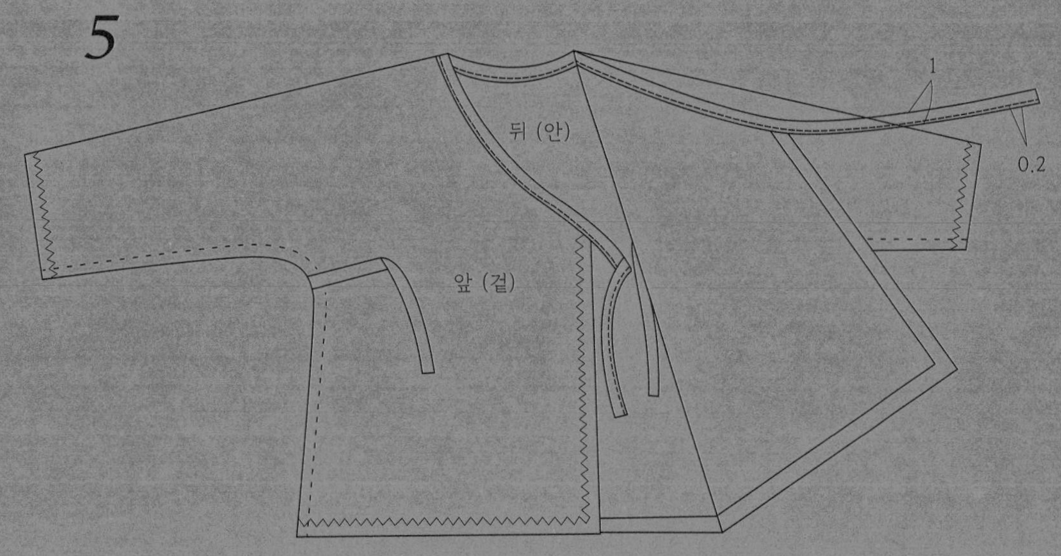

손싸개

0~3개월 (패턴 1 - 주황색)

준비물

겉감용 거즈 50 x 16cm
안감용 거즈 50 x 16cm
폭 5mm 고무줄 15cm 2개

Tip

손싸개를 오래 씌워놓으면 아기가
답답해 하니, 거즈처럼 통풍이 잘되는
얇은 천으로 만드는 것이 좋아요.

만들기

1. 손싸개 겉감과 안감을 겉끼리 맞대고
박음질로 이은 후 가름솔 처리하세요.
2. 한장으로 연결해놓은 손싸개를
길게 맞대고 창구멍과 고무줄 구멍을 제외한
나머지 부분을 빙 둘러 박음질하세요.
3. 창구멍으로 뒤집어 감침질로 마무리하세요.
4. 고무줄이 통과할 부분을 두 줄로
빙 둘러 박음질한 다음 고무줄을 구멍으로
넣어 한 바퀴 돌린 후 양끝을 박음질로
단단히 고정하세요.

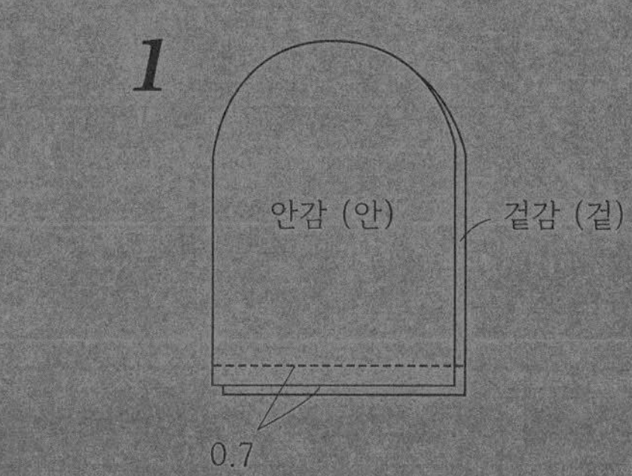

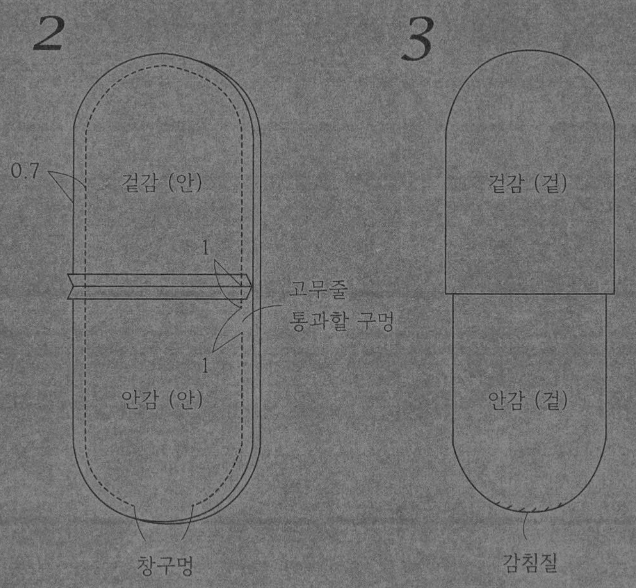

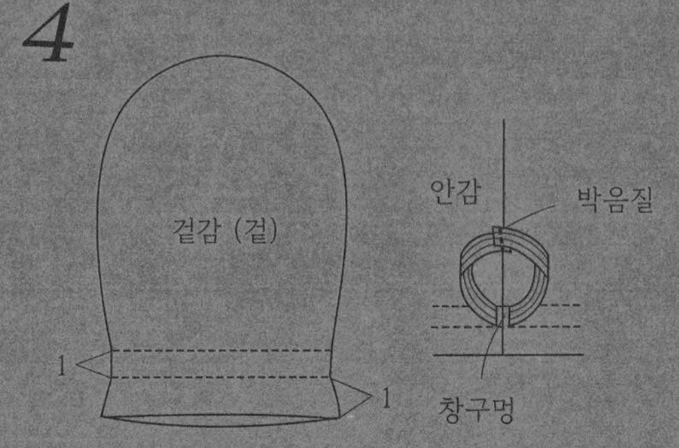

발싸개

0~3개월 (패턴 1 – 주황색)

준비물

겉감용 리넨 70 x 20cm

안감용 거즈 70 x 20cm

폭 5mm 고무줄 15cm 2개

장식용 리본 20cm

1

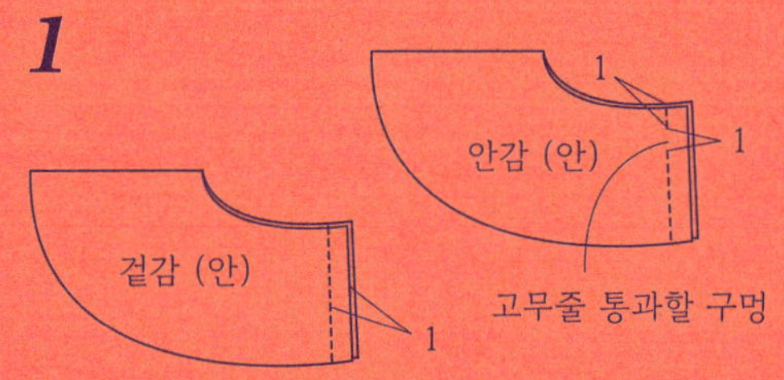

신발을 반으로 접어 뒤꿈치를 박음질하세요.

2

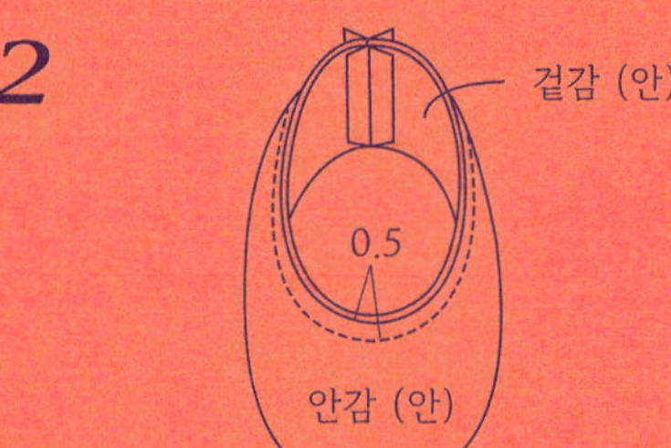

안감과 겉감을 겉끼리 맞대고 박음질하세요.

3

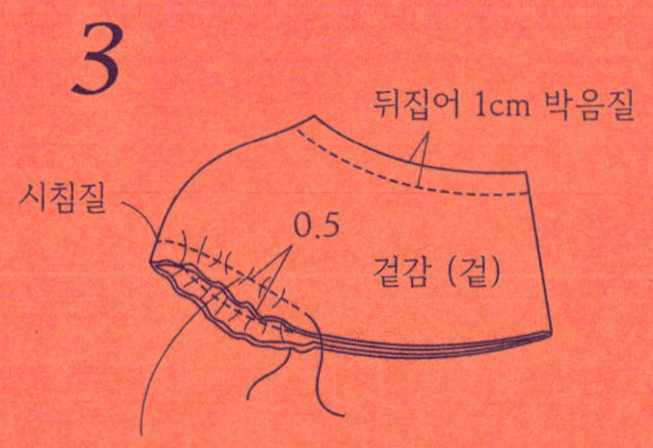

밑창 크기에 맞춰 주름을 잡아주세요.

4

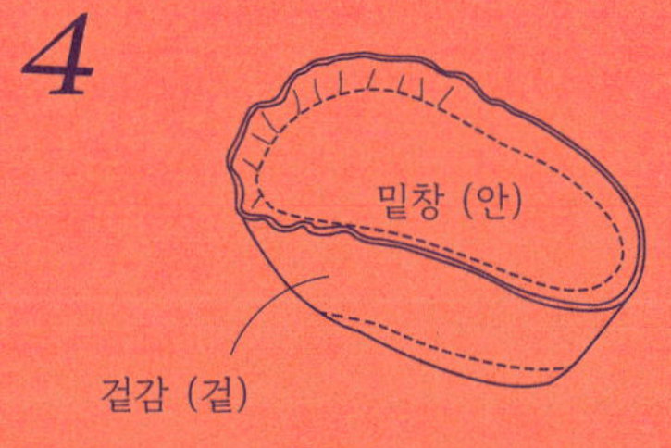

발등과 밑창을 안쪽끼리 맞대고 박음질하세요.

5

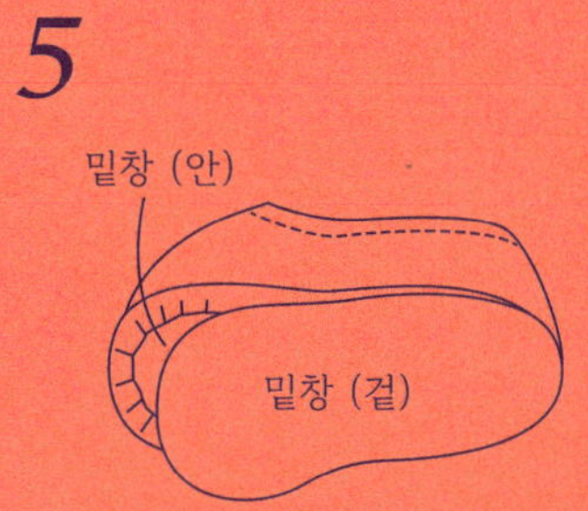

밑창을 시접을 안으로 접어 감침질하세요.

6

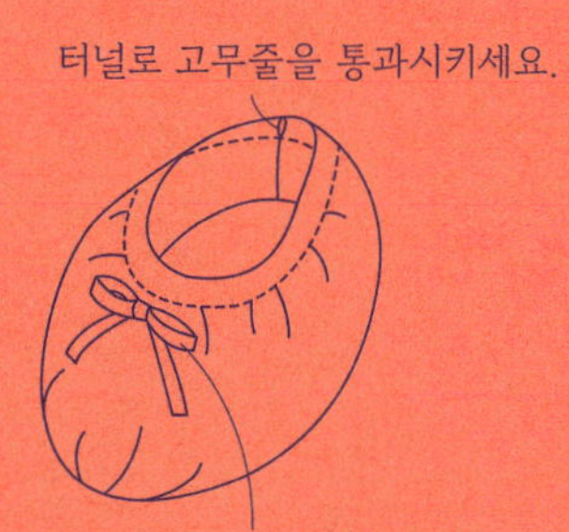

리본 장식을 만들어 달면 완성입니다.

파일럿 캡

0~6개월 (패턴 1 - 보라색)

준비물

40수 다이마루 32 x 38cm
폭 4cm 바이어스 85cm
폭 4cm 바이어스 30cm

Tip

시접이 포함된 패턴입니다.
원단 위에 그림과 같이 패턴을 놓고
형태를 그린 뒤 재단하세요.

만들기

1. 모자의 중심 천에 옆 천을 안쪽끼리
맞대고 형태를 따라 박음질하세요.
2. 시접을 바깥쪽으로 꺾고 천 세 겹을
지그재그 스티치로 눌러 박아주세요.
3. 모자를 뒤집은 다음 바이어스를 대고
이마 부분을 따라 박음질하세요.
다시 모자를 뒤집고 바이어스 시접을
말아 접은 후 박음질로 마무리하세요.
4. 목 부분(안쪽)에 바이어스 겉면을 맞대고
박음질한 다음 시접을 뒤로 넘겨 말아 접고
끈에서 목둘레를 연결해 박음질하세요.

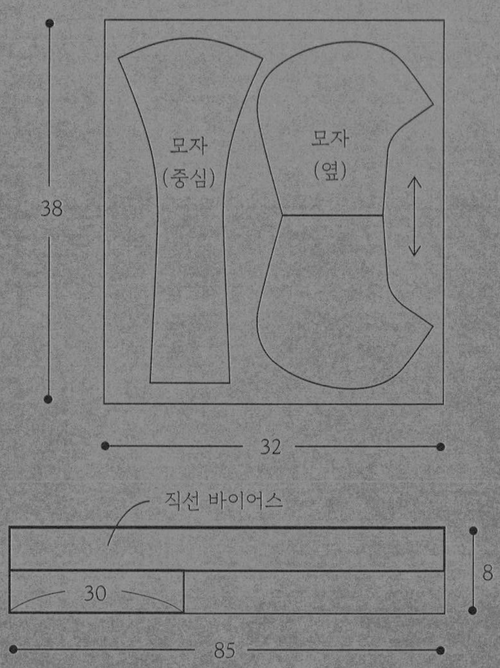

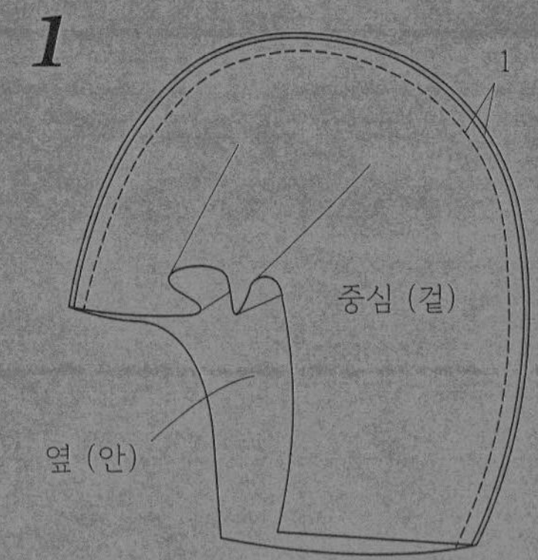

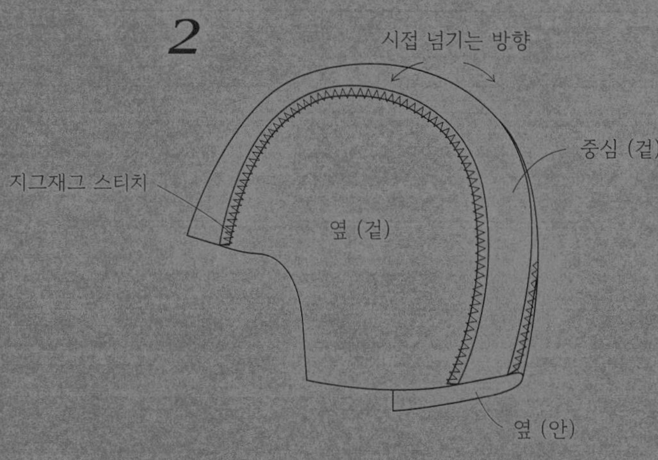

2
시접 넘기는 방향
지그재그 스티치
중심 (겉)
옆 (겉)
옆 (안)

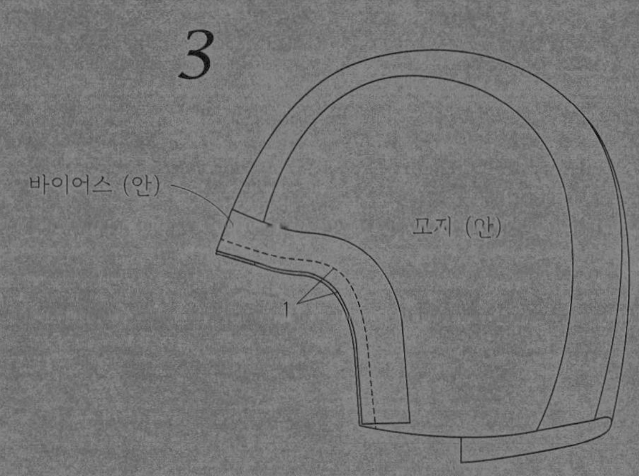

3
바이어스 (안)
꼬지 (안)
1

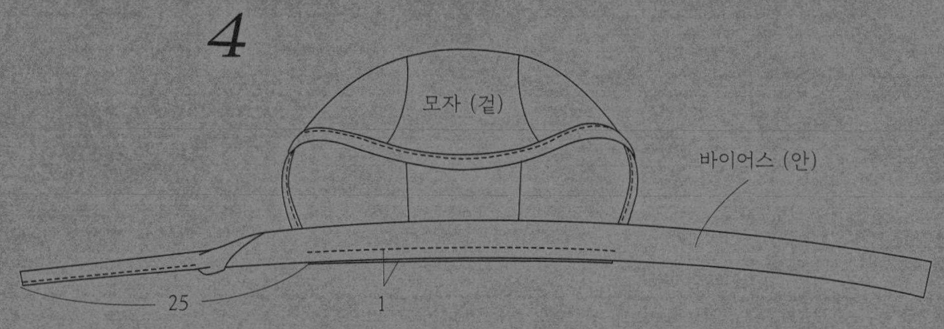

4
모자 (겉)
바이어스 (안)
25
1

막대 딸랑이

6~12개월 (패턴 1- 하늘색)

준비물

귀 19 x 12cm

몸통 25 x 13cm

다리 13 x 9cm

솜, 납작 딸랑이, 자수용 실

Tip

옷을 만들고 남은 자투리 천을 활용하면 좋아요.

1 귀 부분 원단을 겉끼리 마주 보게 반 접고 패턴을 대고 그린 다음 선을 따라 박음질하세요.

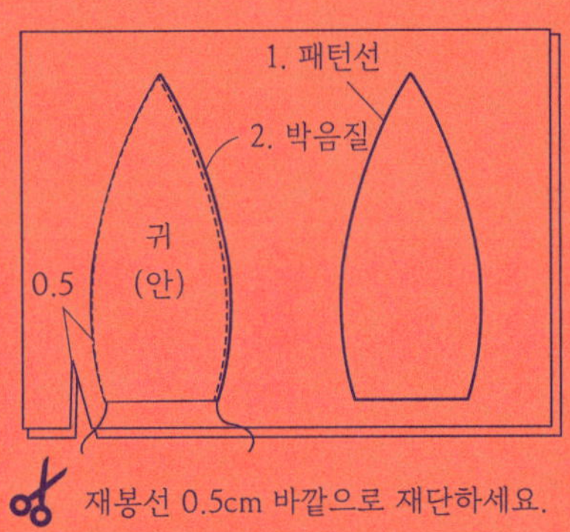

재봉선 0.5cm 바깥으로 재단하세요.

2 몸통과 다리 부분 원단을 겉끼리 맞대고 박음질로 연결한 다음 앞뒤장을 겉면이 마주 보게 겹쳐놓고 패턴선을 그리세요.

반으로 접은 귀를 원단 사이에 넣고 고정하세요.

3

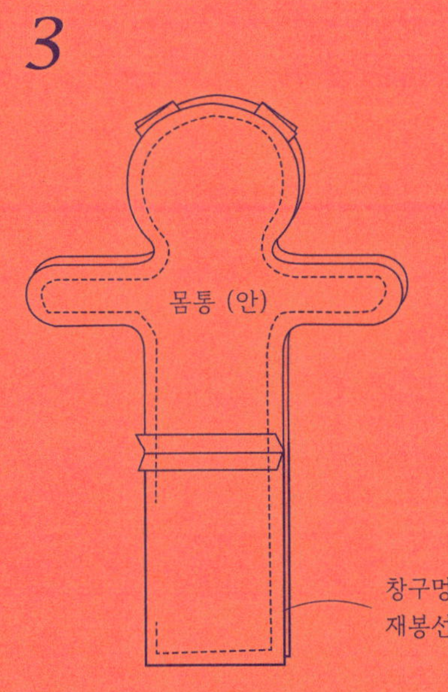

창구멍 부분만 남기고 모두 박음질로 연결한 다음 재봉선에서 0.5cm 바깥으로 재단하세요.

4 천을 뒤집어 딸랑이와 솜을 넣고 채운 다음
공그르기로 창구멍을 막아주세요.

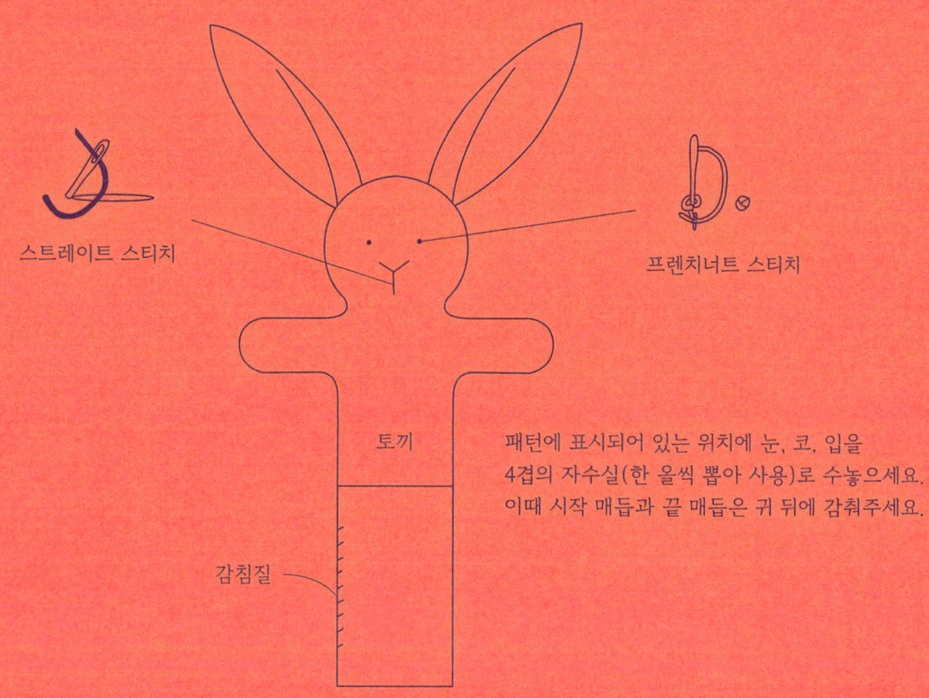

패턴에 표시되어 있는 위치에 눈, 코, 입을
4겹의 자수실(한 올씩 뽑아 사용)로 수놓으세요.
이때 시작 매듭과 끝 매듭은 귀 뒤에 감춰주세요.

양면 턱받이

3~24개월

준비물

체크무늬 코튼 26 x 28cm 1장
무지 코튼 26 x 28cm 1장
폭 6cm 바이어스 60cm
폭 5mm 고무줄 40cm
고무줄 끼우개

만들기

1. 사이즈에 맞춰 재단한 턱받이 원단 앞면과 뒷면을 겉끼리 맞대고 목 부분을 제외한 나머지 3면을 박음질로 연결하세요.
2. 바느질한 실이 잘리지 않도록 주의하면서 각진 모서리에 가위집을 넣고 뒤집은 다음 다림질해 턱받이 모양을 바로 잡아주세요.
3. 바이어스가 원통형이 되도록 끝 부분을 겉끼리 맞대고 박음질로 연결하세요.
4. 턱받이의 뒷면에 바이어스 원단의 겉면을 맞댄 후 목둘레를 박음질하세요.
5. 바이어스를 뒤로 넘겨 시접을 안으로 말아 접고 끈 끝에서 목둘레에 걸쳐 박음질로 연결하세요(창구멍 제외).
6. 고무줄 끼우개로 고무줄을 구멍으로 밀어 넣고 제자리로 돌아와 고무줄 양끝을 원통형으로 겹쳐 박음질하세요.
7. 창구멍을 박음질로 막아주세요.

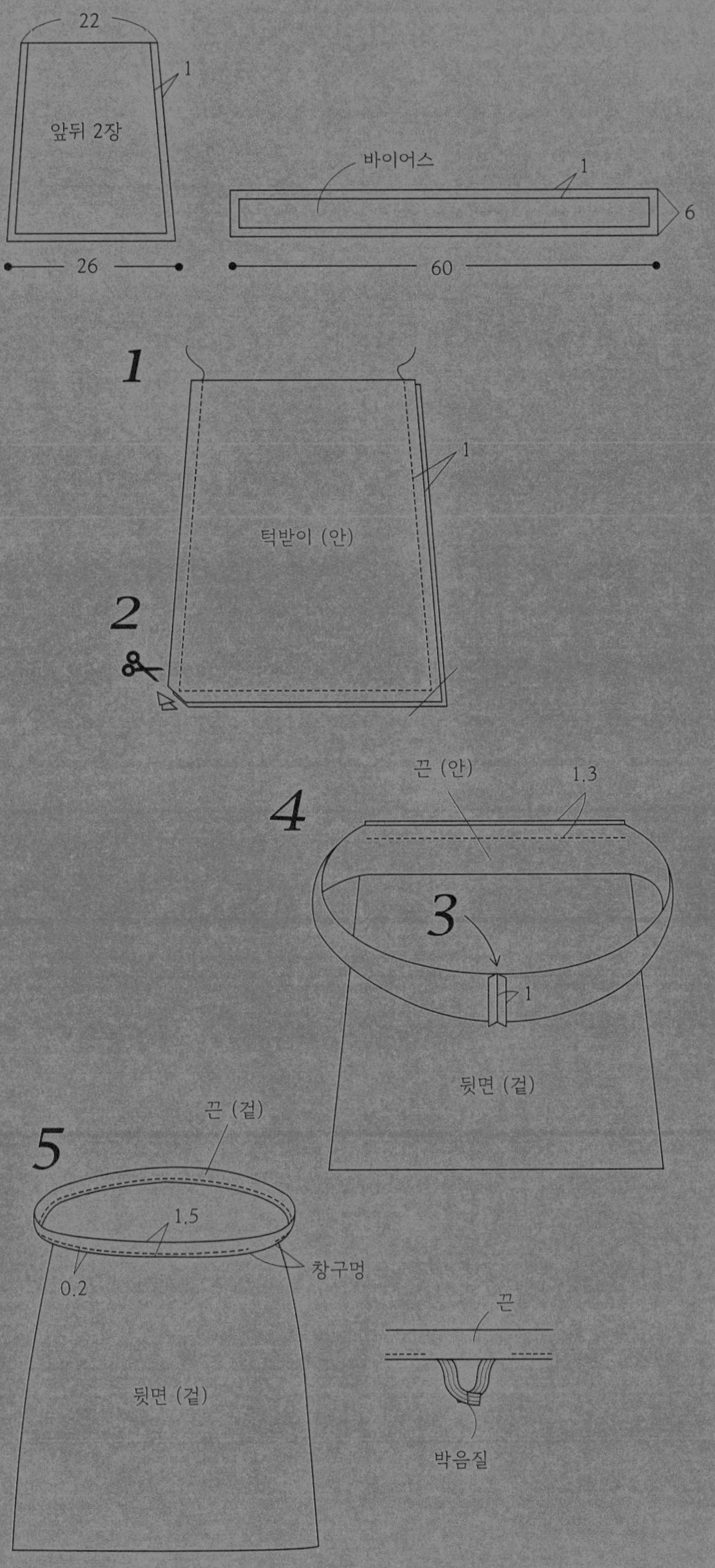

짱구 베개

1~12개월 (패턴 1 - 분홍색)

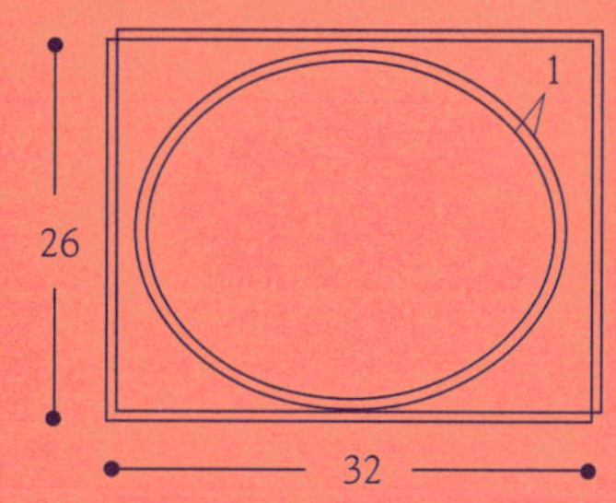

준비물

더블거즈 64 x 26cm
폭 1.5cm 자바라(S자 리본) 26cm
솜 적당량

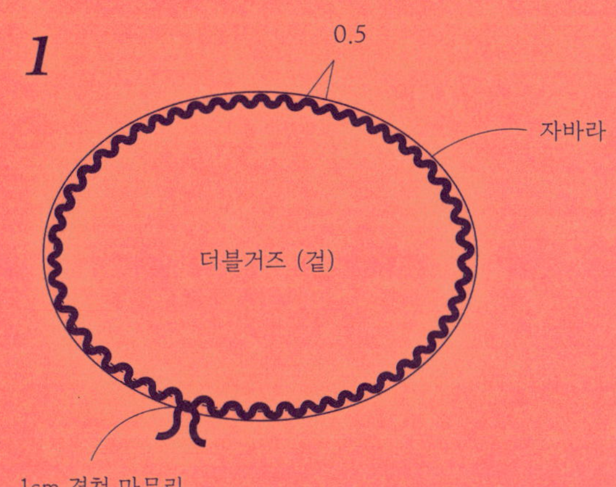

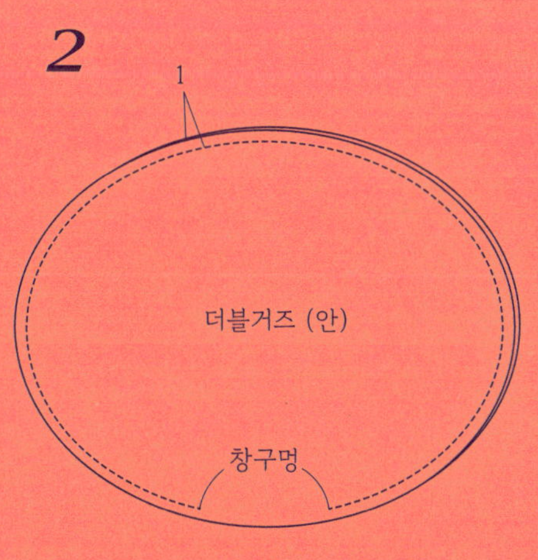

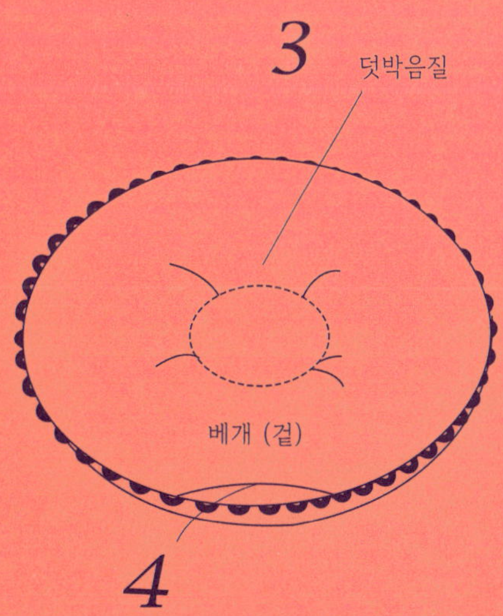

만들기

1. 치수대로 재단한 더블거즈 한 장을 겉이 위로
보이게 놓고 자바라와 원단 끝선을 맞닿게 한 다음
0.5cm 안으로 들어가 박음질해 고정하세요.

2. 자바라가 박음질된 천 위에 나머지 더블거즈
한 장을 겉끼리 맞대고 재단선에서 안으로 0.8cm
들어간 지점에서 박음질하세요(창구멍 제외).

그런 다음 천을 뒤집어 다림질로 모양을 잡아주세요.

3. 패턴지에서 실선 표시된 가운데 부분을 오려
제 위치에 놓고 형태를 그린 다음 천이 울지 않게
반듯이 펴놓고 동그랗게 덧박음질하세요.

4. 적당량의 솜을 넣어 속을 채운 뒤 창구멍을
공그르기로 막아주세요.

플라워 턱받이

3~24개월 (패턴 1 – 붉은색)

준비물

앞면용 30수 코튼 24 x 22cm
뒷면용 타월지 24 x 22cm
폭 4cm 바이어스 65cm
폼폼 2개

Tip

시접이 포함되지 않은 패턴입니다.
그림과 같이 원단의 안감 위에 패턴을
올려놓고 수성펜으로 완성선을 그려주세요.

만들기

1. 턱받이 원단 앞면과 뒷면을 겉끼리
맞대고 그려놓은 완성선을 따라
박음질하세요(창구멍 제외).
2. 재봉선에서 시접 0.8cm를 더해
재단한 다음 바느질한 실이 잘리지 않도록
주의하면서 시접 전체에 2~3cm 간격으로
가위집을 넣어주세요.
3. 창구멍으로 천을 뒤집은 다음 다리미로
시접을 정리해 턱받이 모양을 바로 잡아주세요.
4. 준비한 바이어스 원단을 턱받이 뒷면에
겉끼리 맞댄 후 목둘레를 따라 둥글게
박음질하세요.
5. 바이어스를 목 뒤로 넘겨 시접을 안으로
말아 접고 끝자락부터 목둘레에 걸쳐
박음질하세요.
6. 끈의 양쪽 끝에 폼폼을 달아 장식하세요.

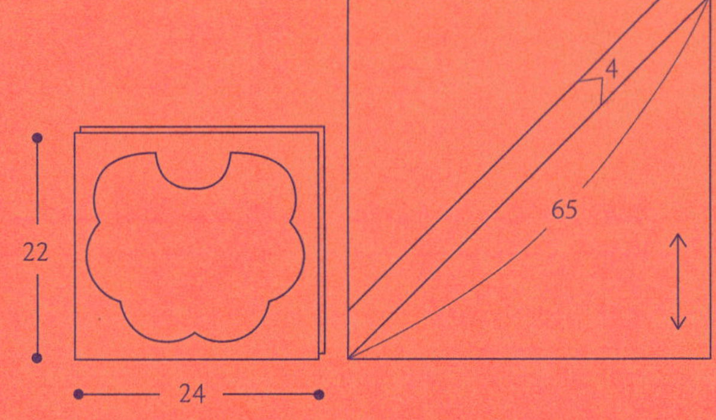

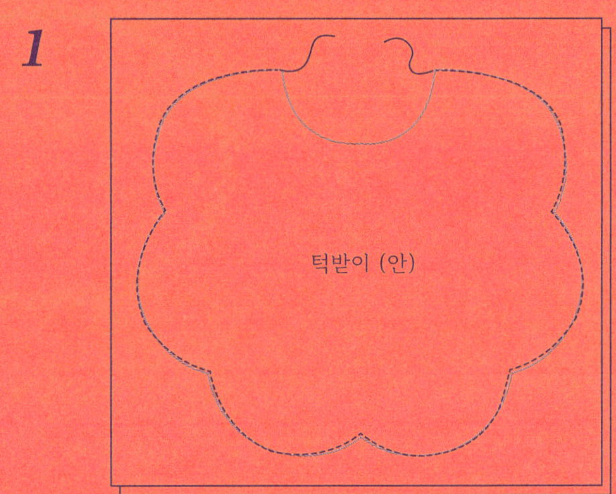

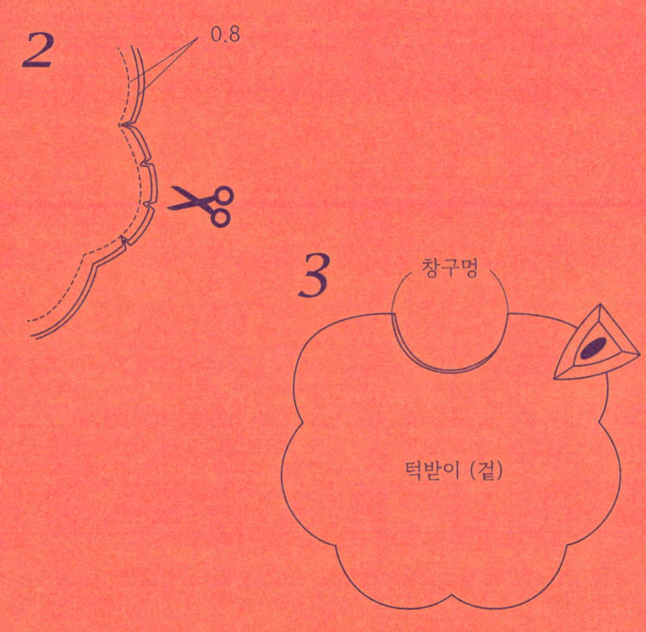

4

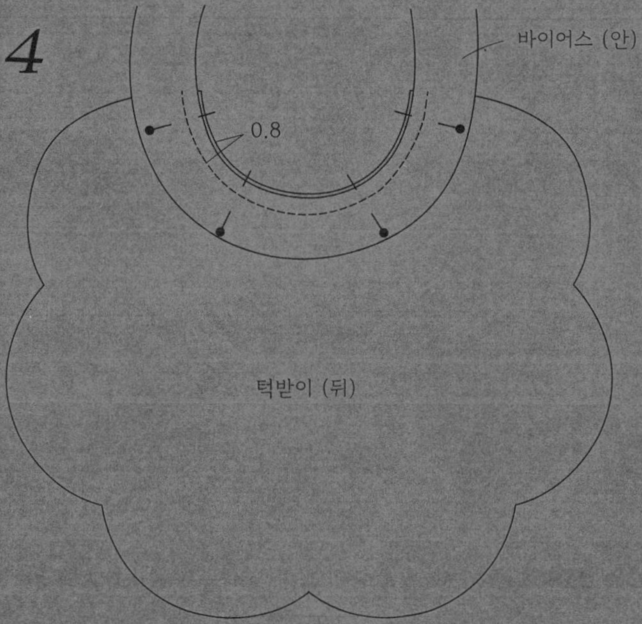

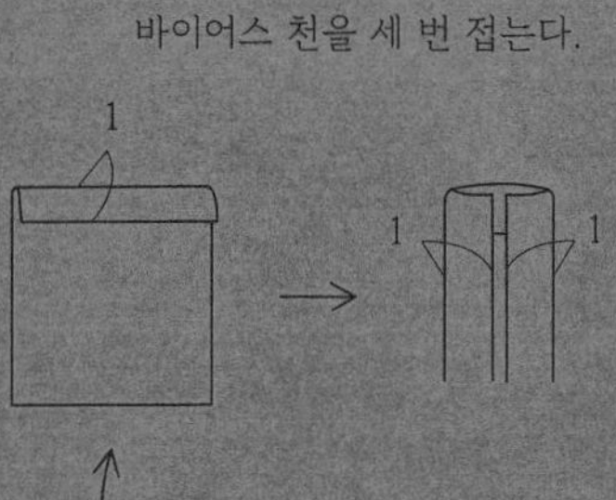

바이어스 천을 세 번 접는다.

5

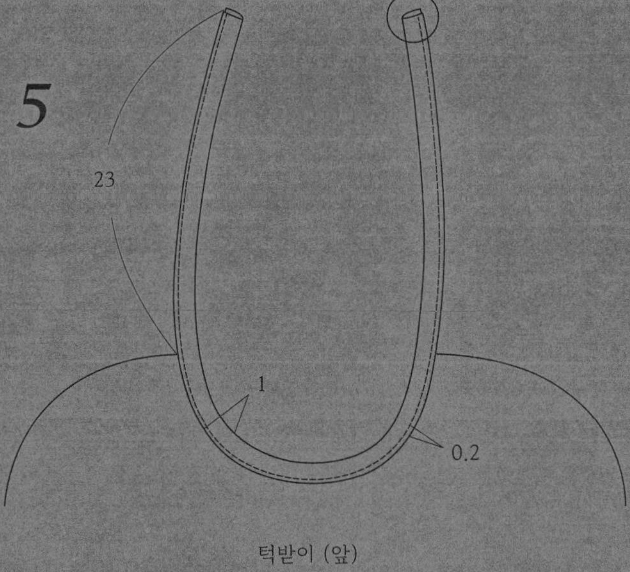

6

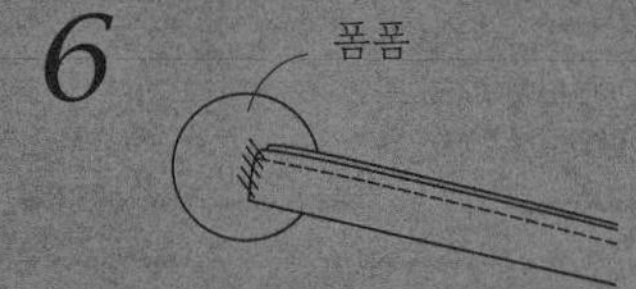

목욕 타월 세트

0~36개월 (패턴 1 – 노란색)

준비물

양면 타월지 72 x 97cm
꽃무늬 코튼 82 x 122cm
폭 4cm 몸판용 바이어스 288cm
폭 4cm 모자용 바이어스 40cm
폭 4cm 장갑용 바이어스 26cm

Tip

시접이 포함된 치수입니다.
속싸개 모자 패턴을 각 모서리에 대고
둥근 형태를 그린 후 재단하세요.

만들기

1. 모자와 몸판에 사용할
바이어스를 만드세요.
2. 모자용 타월지와 코튼 원단을
안쪽끼리 맞대고 밑단을
바이어스 처리하세요.
3. 몸판 가장자리에 바이어스 원단의
겉면을 대고 한바퀴 빙 둘러 박음질하세요.
4. 바이어스를 뒤로 넘겨 시접을 말아 접고
박음질로 마무리하세요.

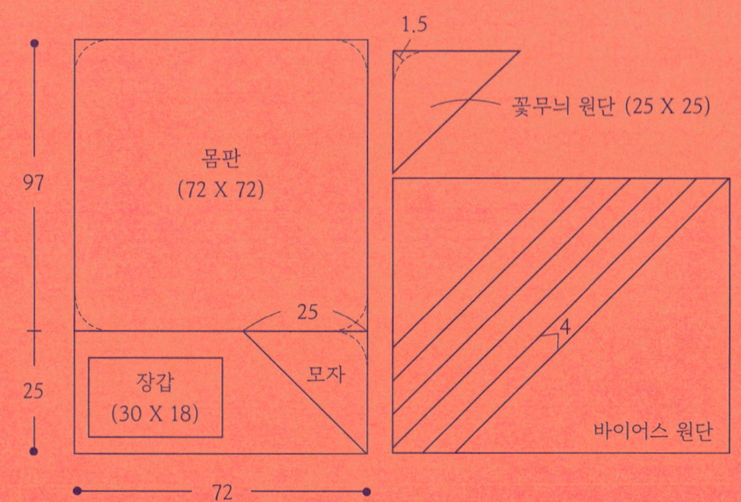

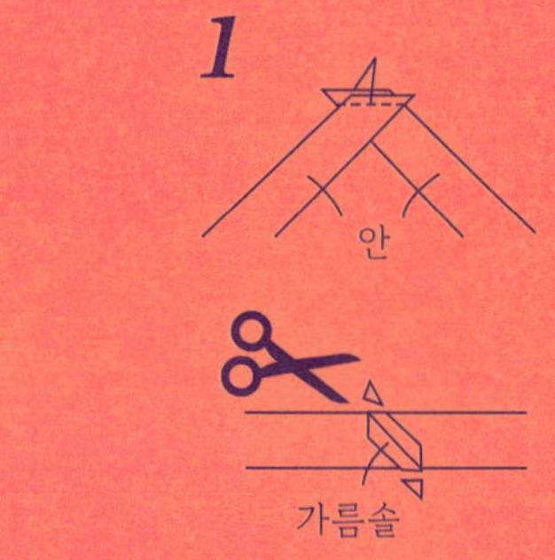

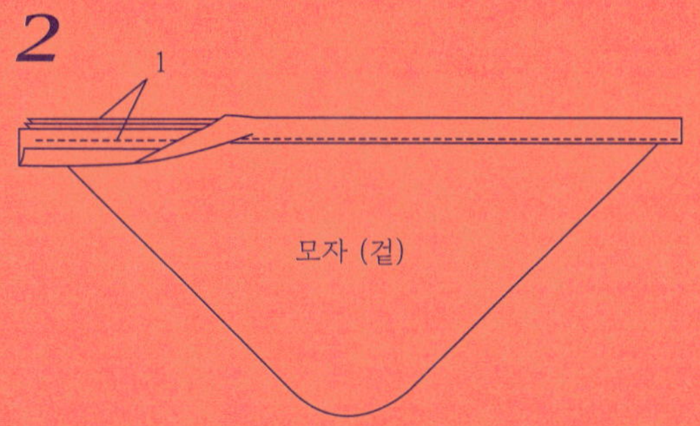

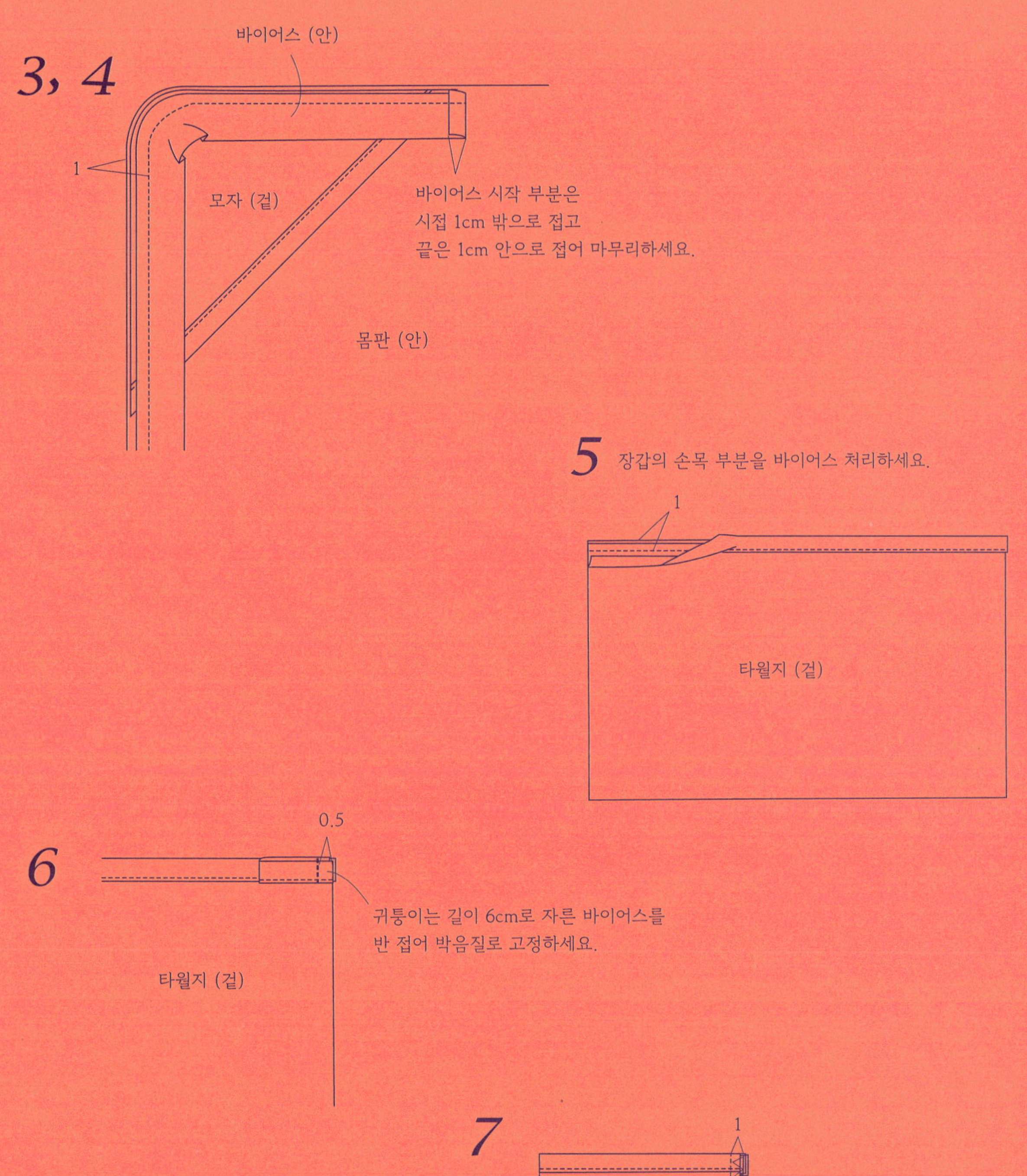
3, 4
바이어스 (안)
모자 (겉)
1
몸판 (안)
바이어스 시작 부분은
시접 1cm 밖으로 접고
끝은 1cm 안으로 접어 마무리하세요.

5 장갑의 손목 부분을 바이어스 처리하세요.
1
타월지 (겉)

6
0.5
타월지 (겉)
귀퉁이는 길이 6cm로 자른 바이어스를
반 접어 박음질로 고정하세요.

7
1
타월지 (안)
장갑을 겉이 마주 보게
반 접어 박음질한 후
시접을 오버로크 처리하세요.

슬리핑 백

0~9개월 (패턴 1 – 주황색)

준비물
겉감용 리넨 104 x 72cm
안감용 코튼 104 x 72cm
3온스 패딩솜 104 x 72cm
폭 4cm 바이어스 60cm
지름 15mm 단추 2개

Tip
시접 1cm가 포함된 패턴입니다.
각각의 원단을 반 접어 두 겹을 만든 다음
패턴을 올려놓고 그려 한 번에 재단하세요.
남은 겉감 원단으로 직선 바이어스 끈
(4 x 15cm) 4개를 만드세요.

만들기
1. 패턴대로 재단한 리넨 앞판 원단 안쪽에
패딩솜을 대고 큰 땀으로 시침질하세요.
2. 솜을 덧댄 겉감 앞뒤판을 6cm 간격으로
스티치하고 시침실을 뽑은 후 원단 크기에 맞춰
패딩솜을 재단하세요.
3. 스티치한 앞뒤판을 겉끼리 맞대고 주머니 형태가
되도록 표시선 아랫부분을 박음질해 연결하세요.
4. 주머니 형태로 완성된 겉감을 뒤집어
다림질한 후 15cm 길이로 자른 바이어스 끈
4개를 제 위치에 달아주세요.
5. 안감 앞뒤판을 겉끼리 맞대고 창구멍을
남겨둔 채 표시선을 따라 박음질한 다음 겉감
주머니를 안감 주머니에 집어넣으세요.
6. 앞판은 앞판끼리 뒤판은 뒤판끼리
어깨와 옆 부분을 따라 중심을 잘 맞추고
자연스럽게 곡선을 그리며 박음질한 다음
창구멍을 통해 뒤집으세요.
7. 시접을 안으로 접어 넣고 박음질로 창구멍을
마무리한 뒤 어깨에 단추를 달아주세요.

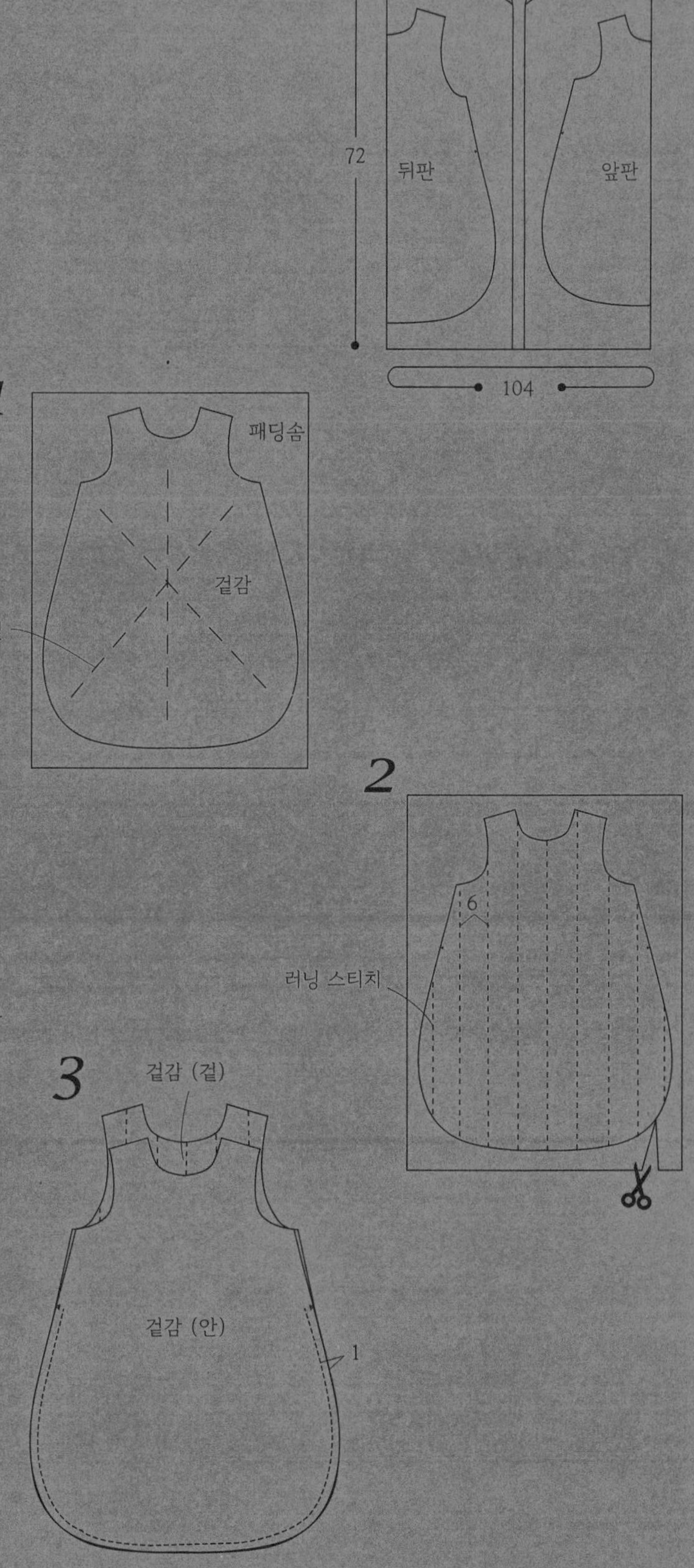

4

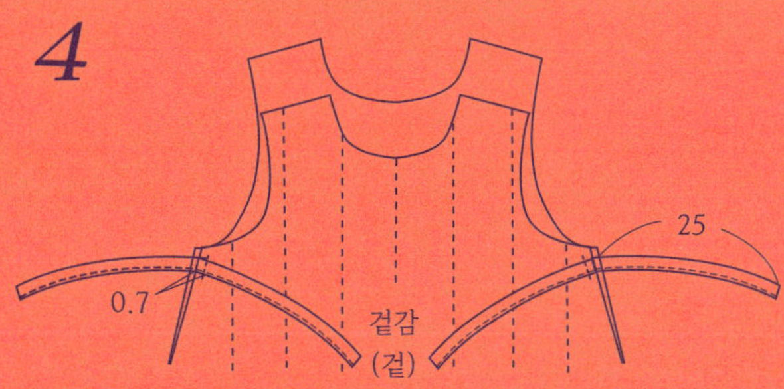

5

6

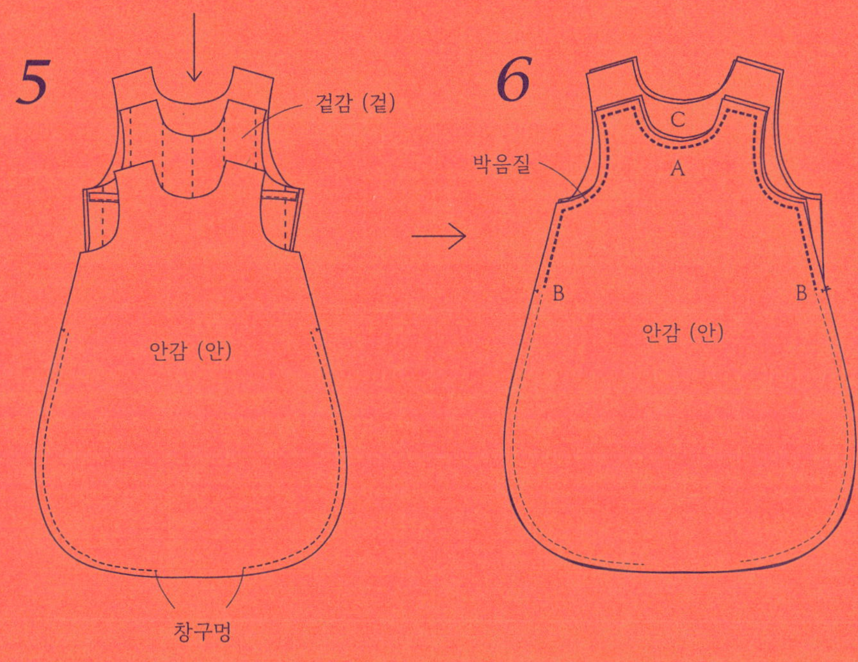

7

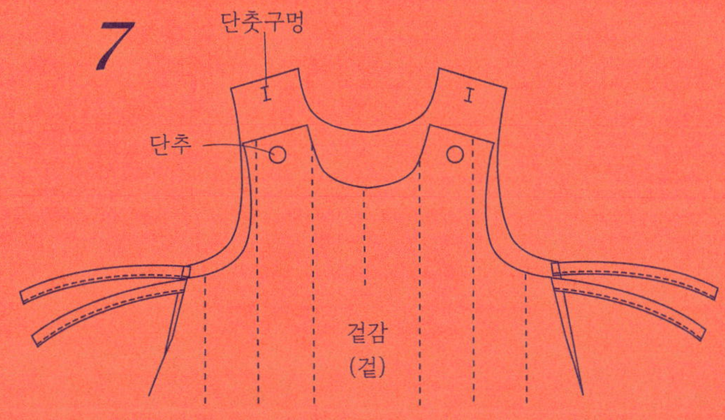

겉싸개

0~12개월

준비물

겉감용 20수 코튼 104 x 72cm

안감용 40수 코튼 104 x 72cm

러플 180 x 8cm

5온스 패딩솜 104 x 72cm

폭 2cm 바이어스 끈 20cm 8개

1 먼저 바이어스 끈 8장을 만들어 놓으세요.

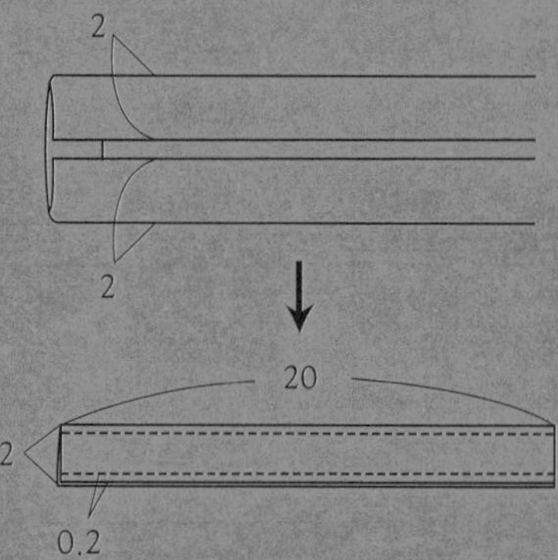

3

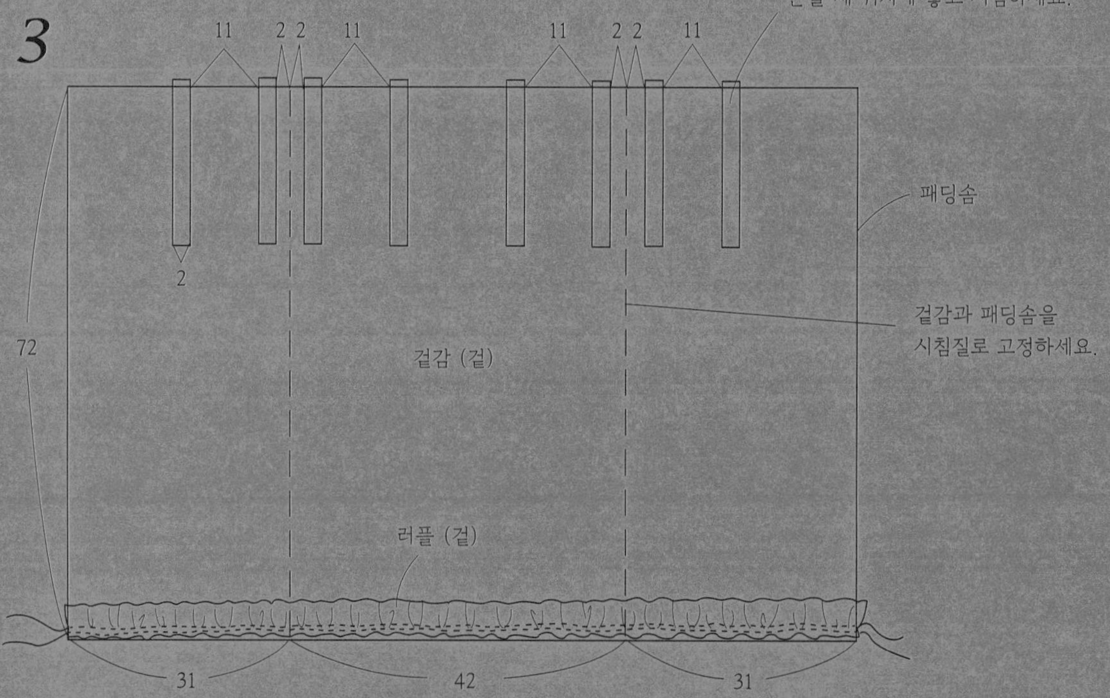

2 러플을 만듭니다.

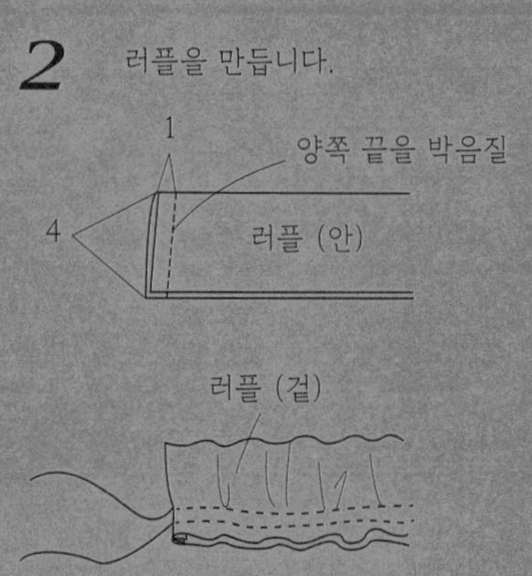

뒤집어 두 줄 시침질

4

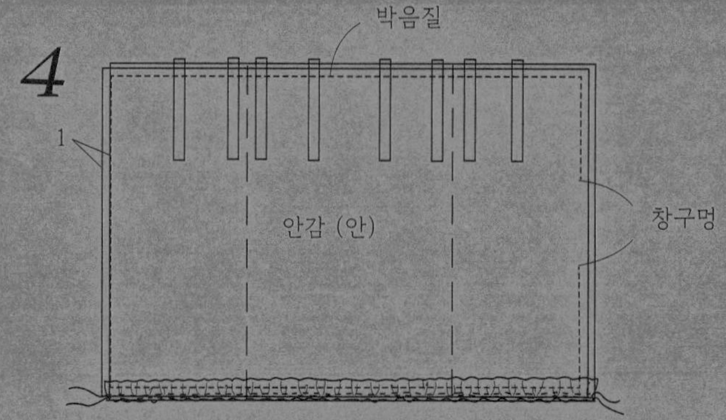

겉감(겉) 위에 안감(겉)을 포개 얹고 시접 1cm를 남기고 빙 둘러 박음질하세요.
이어서 창구멍으로 뒤집어 시접을 정리한 다음, 시침 자리를 덧박음질하세요.

양면 이불

0~24개월

준비물

앞판용 리넨 100 x 130cm

뒷판용 리넨 100 x 130cm

퀼팅솜 100 x 130cm

바이어스용 천 12 x 470cm

만들기

1. 사이즈보다 여유 있게 재단한
이불 앞판과 뒤판을 포개고
그 사이에 퀼팅솜을 넣은 다음, 천이
밀리지 않도록 시침질하세요.
2. 가장자리에서 1cm 들어간 지점에서
빙 둘러 박음질하세요.
3. 폭 12cm 조각 천 여러 개를 이어 붙인
바이어스 천 겉면을 이불 뒤판의 겉면에 대고
빙 둘러 박음질하세요.
4. 바이어스 천을 앞판 쪽으로 넘겨
안으로 말아 접어 넣고 시침핀으로
고정한 다음 박음질로 마무리하세요.

1, 2

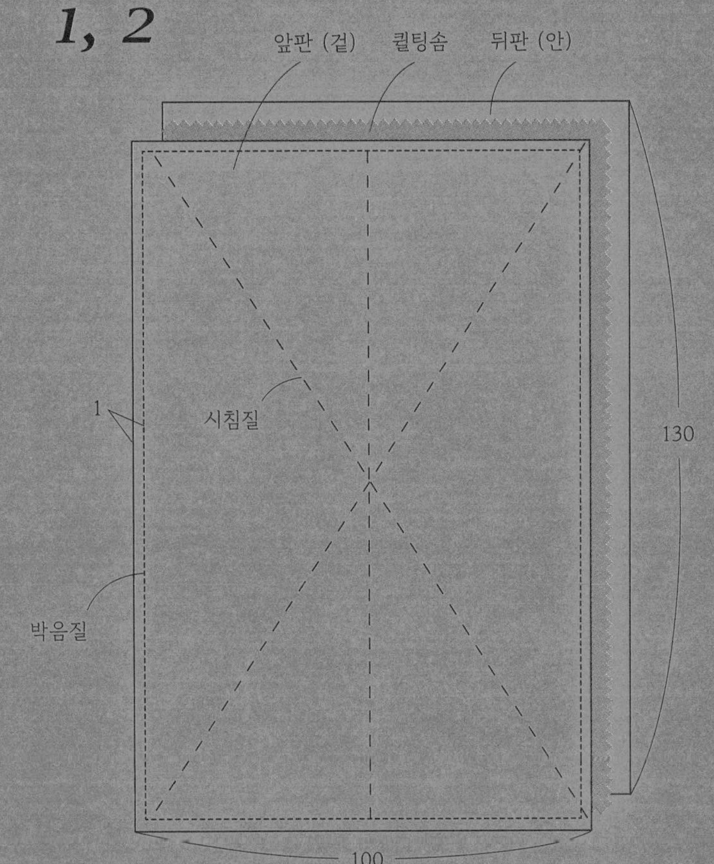

3

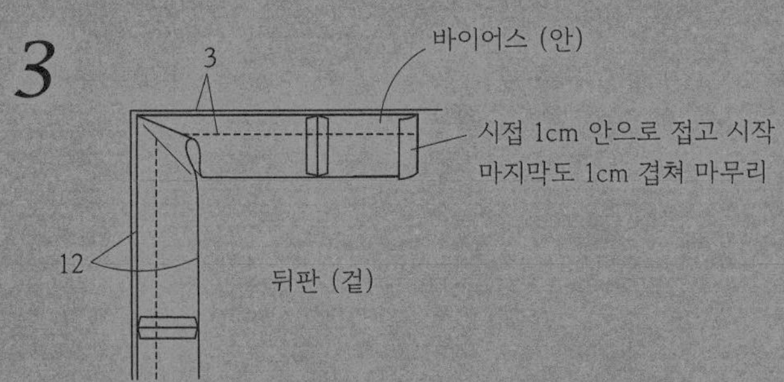

4

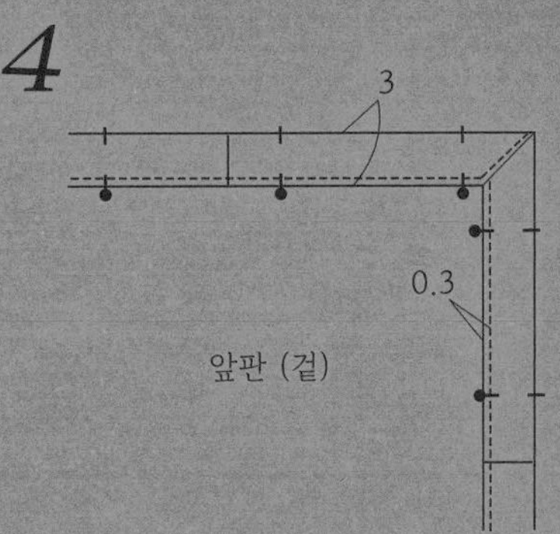

패브릭 블록

0~9개월

준비물
자투리 천 10 x 10cm 12장
자투리 천 7 x 7cm 12장
폭 1cm 끈 90cm

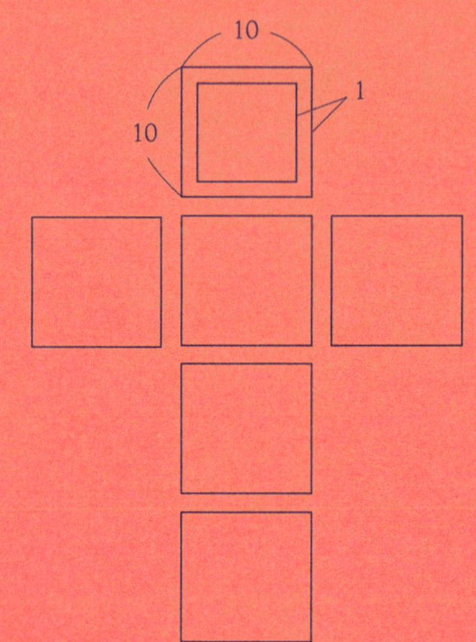

1

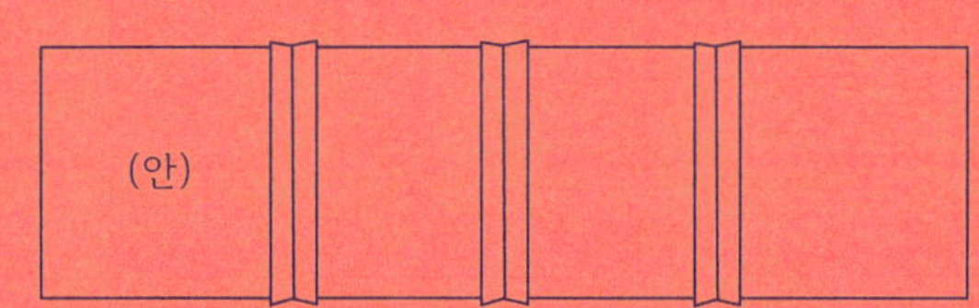

자투리 천 네 장을 길게 연결해 시접을 가름솔하세요.

2

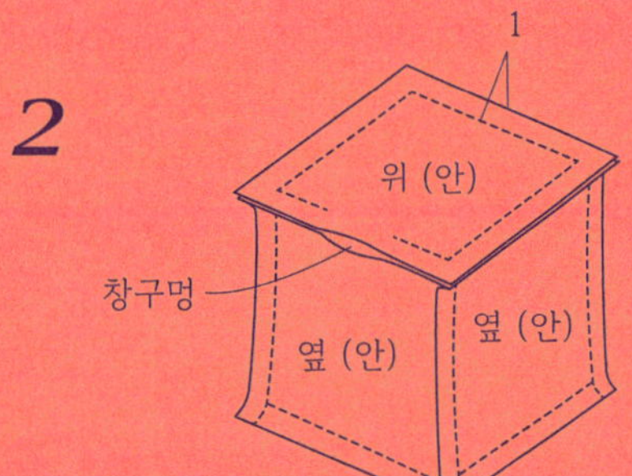

사각형이 되도록 끝을 연결하고
바닥과 지붕용 천을 얹고 사방을 박음질하세요.

3

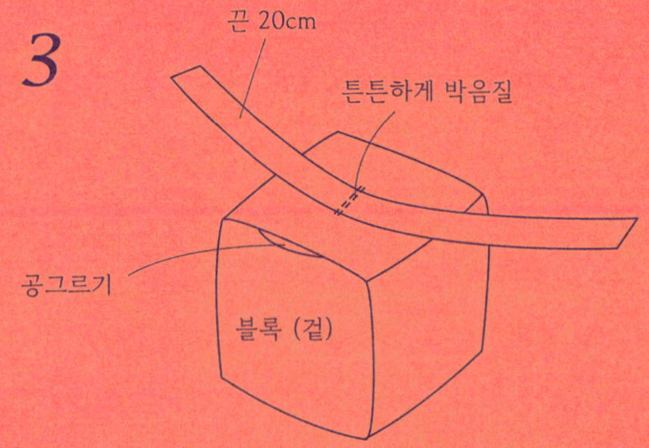

천을 뒤집어 솜을 채우고 공그르기로 마무리한 다음
위쪽에 끈을 달아주세요.

비구름 모빌

0~9개월 (패턴 1 – 붉은색)

준비물

구름용 천 48 x 18cm 1장

빗방울용 천 각 4장

굵은 철사 40cm 1개

폭 1cm 리본 40cm

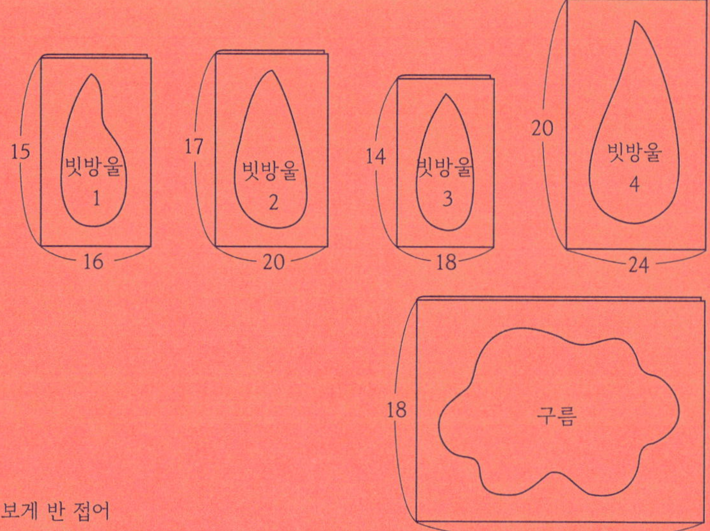

1 무늬가 각기 다른 천 4장을 겉끼리 마주 보게 반 접어
빗방울 패턴 4장을 올려놓고 재봉선을 그려주세요.

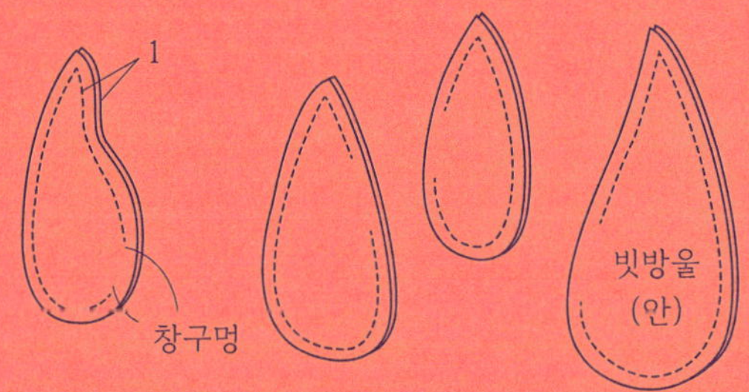

창구멍을 제외한 나머지 부분을 빙 둘러 박음질한 뒤
시접을 1cm 남기고 가위로 재단하고, 천을 뒤집어
솜을 채우고 공그르기로 마무리하세요.

3

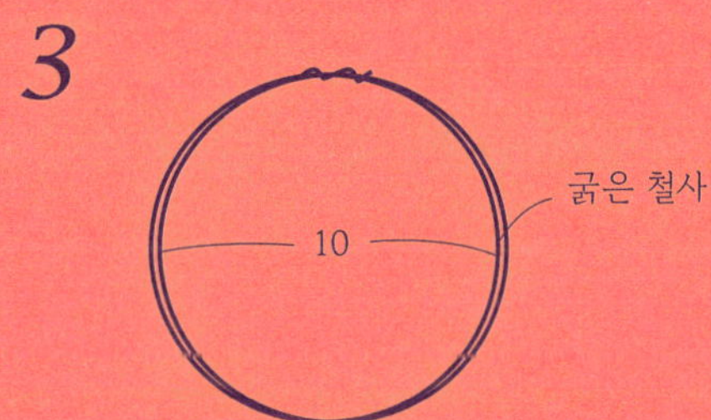

굵은 철사로 작은 원을 만든 다음
폭 1cm 의 긴 리본으로 둘둘 감아주세요.

2 구름 역시 빗방울과 같은 방법으로 재봉 후
천을 뒤집어 솜을 넣고 공그르기로 마무리하세요.

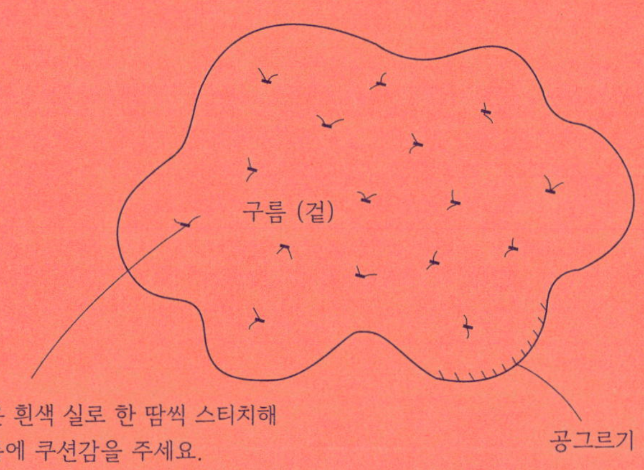

굵은 흰색 실로 한 땀씩 스티치해
구름에 쿠션감을 주세요.

4

굵은 흰색 실로 링과 구름을 연결하고
이어서 구름과 빗방울도 연결하면 완성입니다.

수납 상자

준비물

리넨 49 x 42cm 2장

끈 48 x 24cm

2온스 퀼팅솜 49 x 42cm

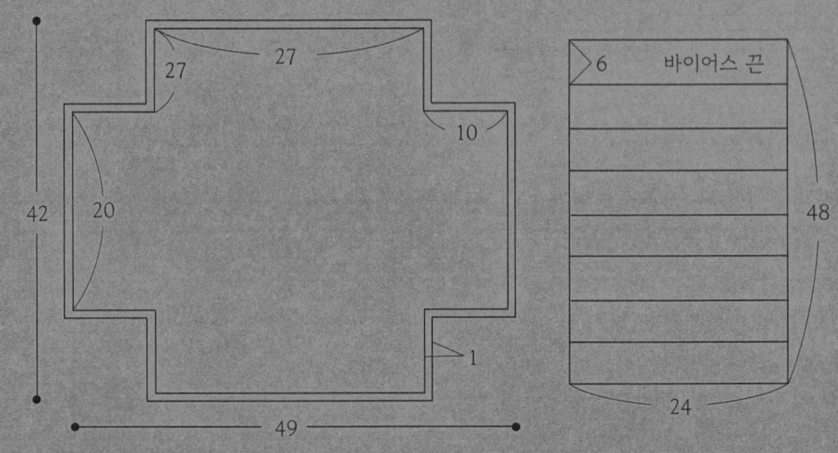

1 사이즈대로 재단한 상자용 천을 맞댄 후
그 사이에 퀼팅솜을 넣어주세요.

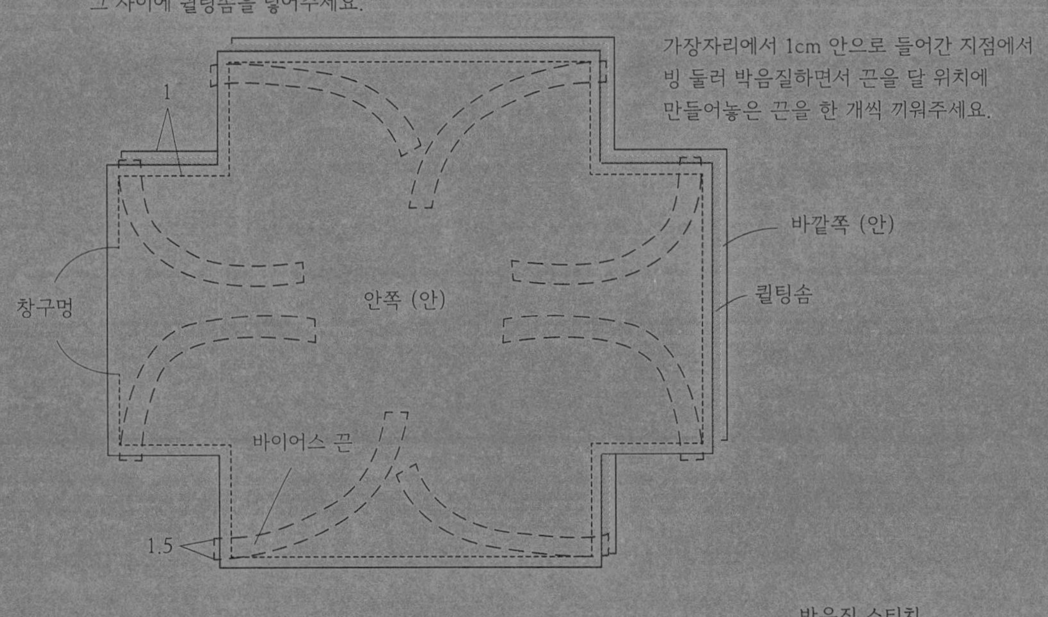

창구멍으로 천을 뒤집어 공그르기로
마무리한 다음 각이 잡히도록
바닥 부분을 박음질 스티치하세요.

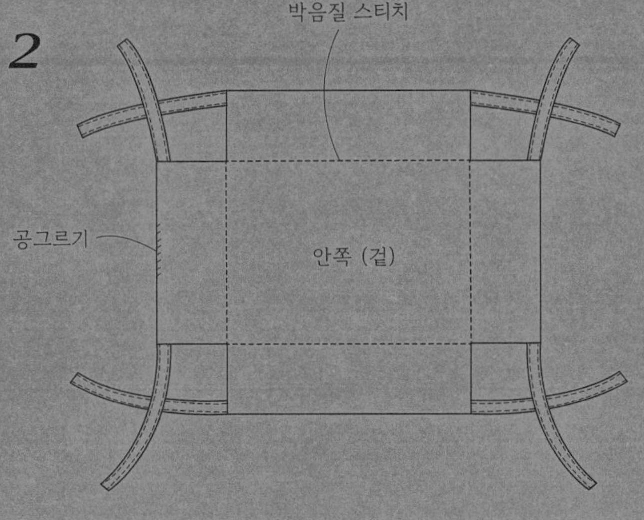

매트리스 커버·

준비물
30수 코튼 90 x 150cm
폭 10mm 고무줄 적당량

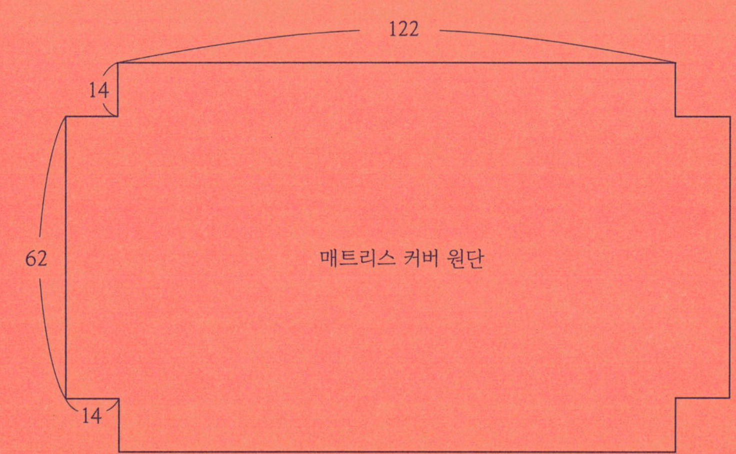

1 천을 반으로 접고 다시 반 접어
반듯하게 펼쳐놓으세요.

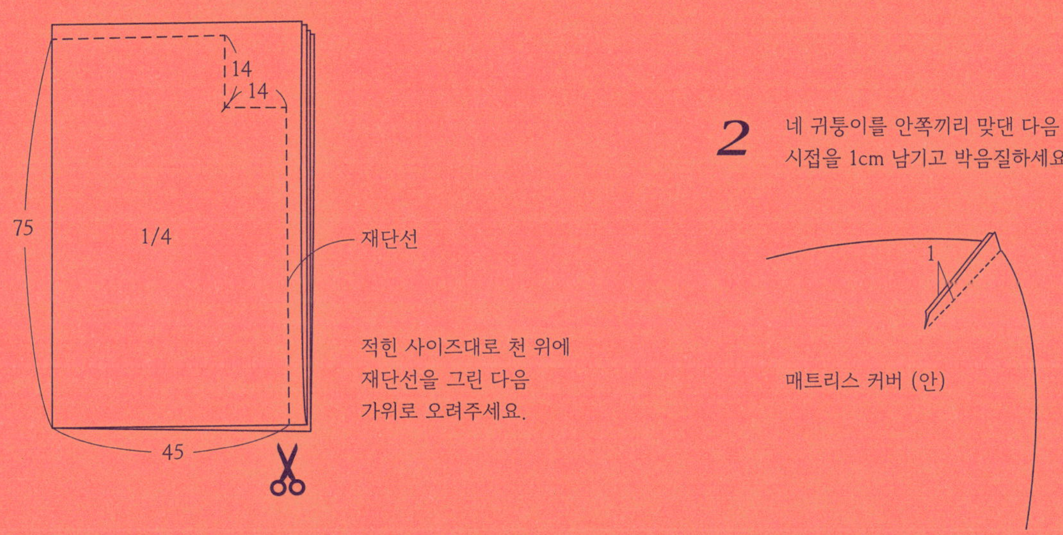

적힌 사이즈대로 천 위에
재단선을 그린 다음
가위로 오려주세요.

2 네 귀퉁이를 안쪽끼리 맞댄 다음
시접을 1cm 남기고 박음질하세요.

3

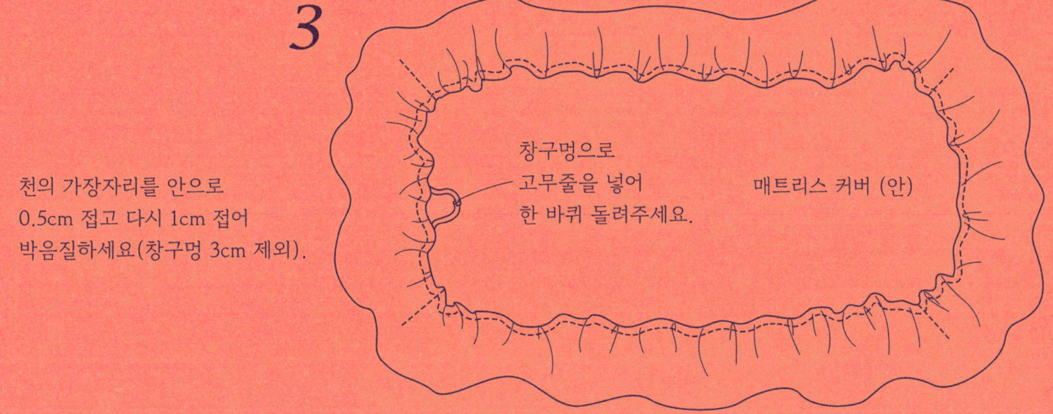

천의 가장자리를 안으로
0.5cm 접고 다시 1cm 접어
박음질하세요(창구멍 3cm 제외).

고리 손수건

0~36개월

준비물

양면 타월지 27 x 27cm
폭 6cm 바이어스 125cm

만들기

1. 코튼 천을 사선으로 잘라
바이어스를 만드세요.
2. 세 겹으로 접은 20cm 바이어스를
다시 반 접어 다림질한 후 가장자리를
박음질해 끈을 만드세요.
3. 바이어스를 사각 타월지에 빙 둘러
박음질합니다. 이때 모서리 부분
바이어스는 세워서 꺾어주세요.
4. 바이어스를 뒤로 넘겨 시접을
말아 접고 박음질하세요.
이때 한쪽 모서리에 바이어스 끈을
넣고 박음질하세요.

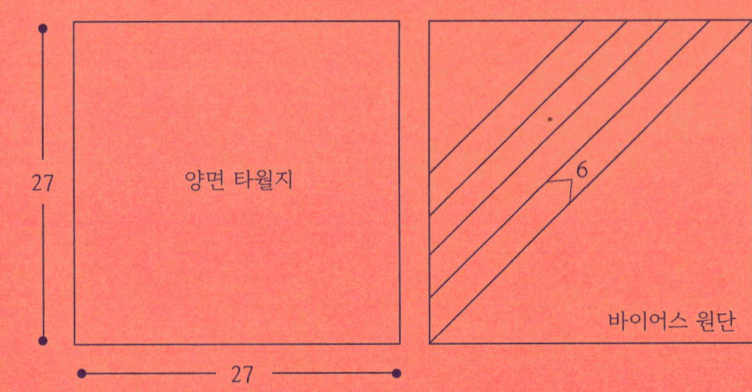

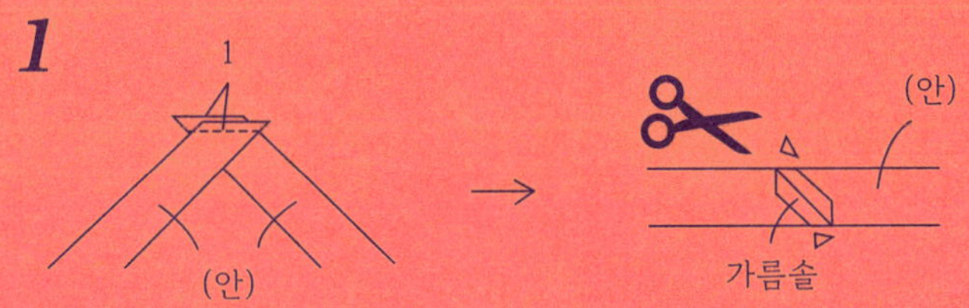

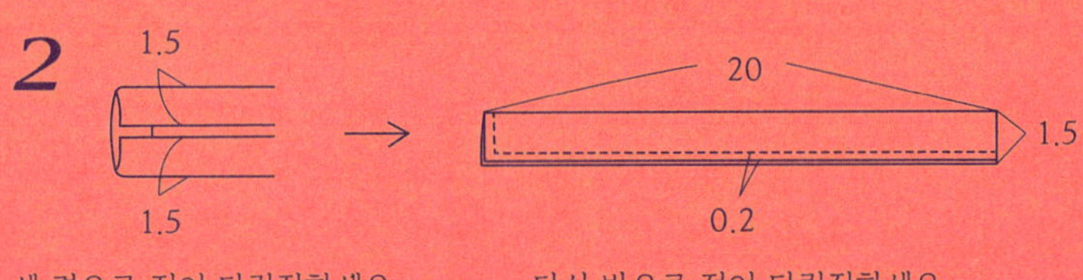

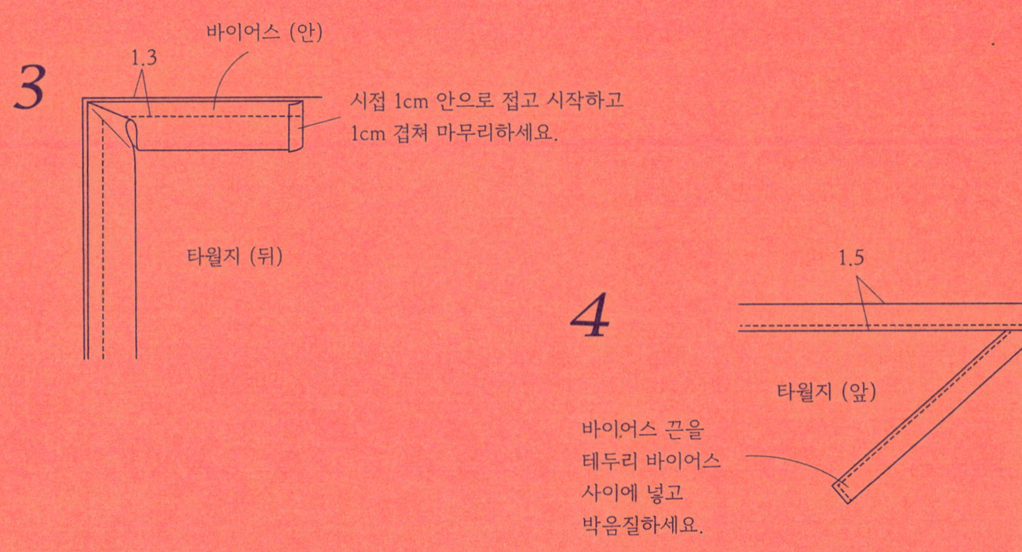

산모 수첩 커버

준비물

겉감용 리넨 19 x 24cm
안감용 리넨 41 x 24cm
날개용 꽃무늬 천 13.5 x 24cm 2장
폭 1cm 끈 20cm 2개

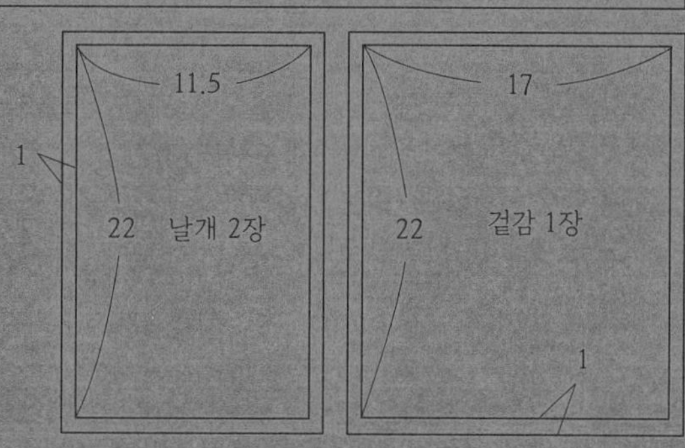

1 날개와 겉감 원단을 겉끼리 맞대고
박음질로 연결하세요.

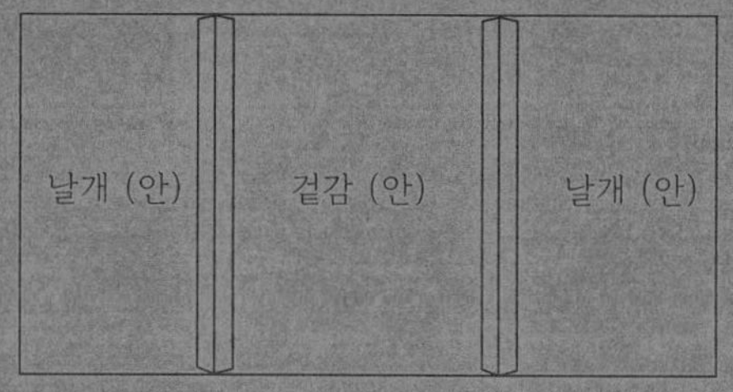

2 연결해놓은 겉감과 안감 천을 겉끼리 맞대고
두 장 사이에 끈을 끼운 다음 박음질하세요.

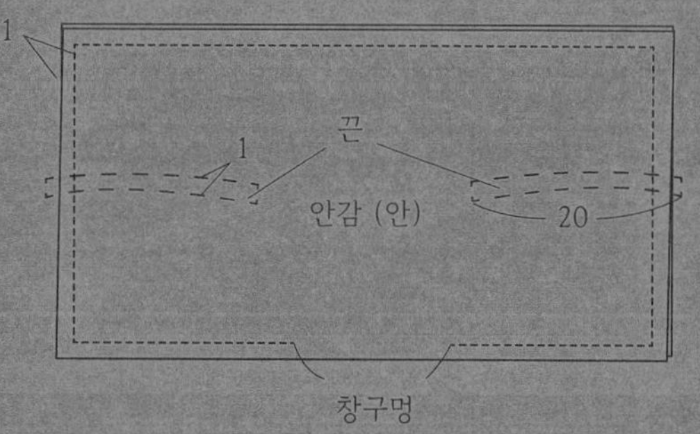

3 시접을 꺾어 다림질한 후 창구멍으로
천을 뒤집어 가장자리를 박음질 스티치하세요

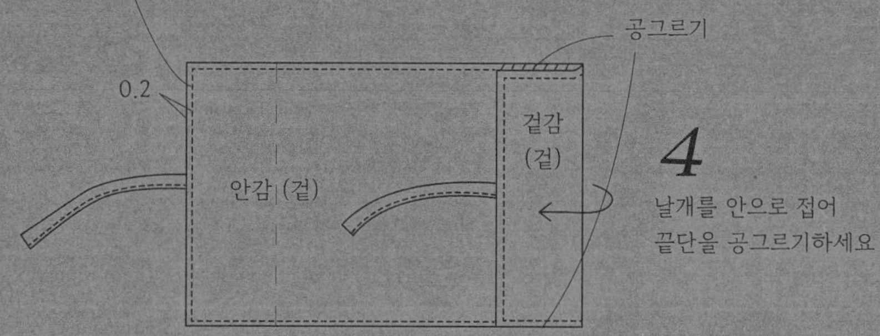

4 날개를 안으로 접어
끝단을 공그르기하세요

보닛

3, 6, 9개월 (패턴 2 - 초록색)

준비물

겉감용 30수 코튼 52 x 65cm

안감용 무지 50 x 30cm

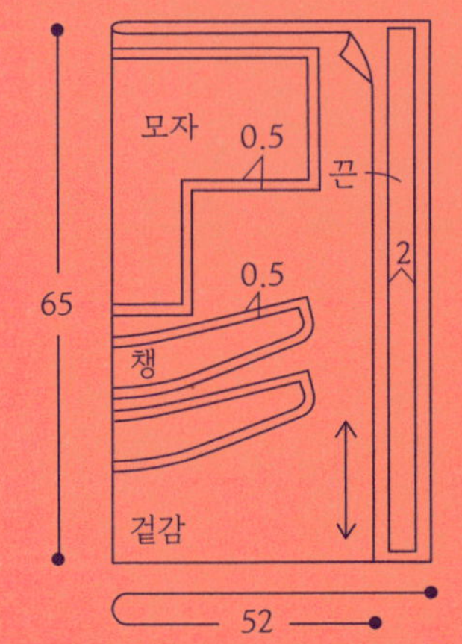

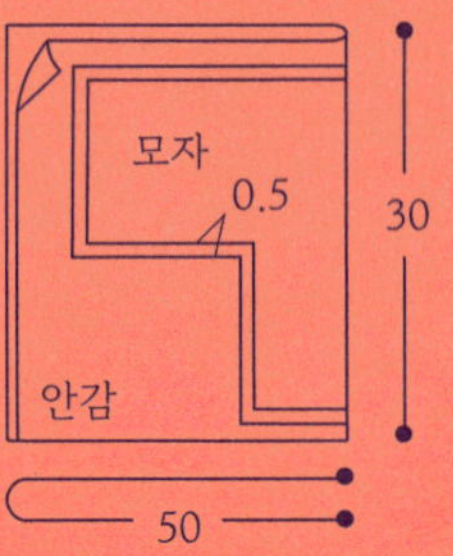

Tip

끈을 만들 때 루프 뒤집개를
이용하면 편리해요.
끈 대신 리본을 써도 좋아요.

1 끈 원단을 길이로 반 접어 박음질한 후 뒤집으세요.

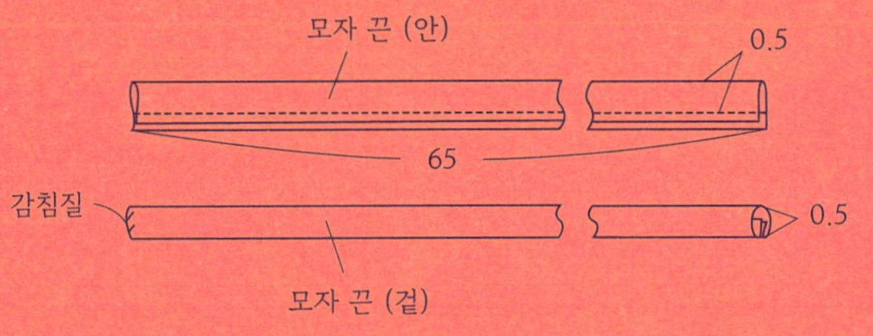

3

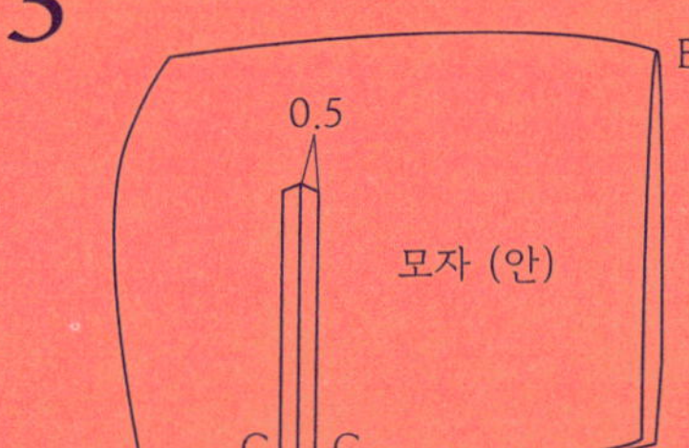

모자 천의 겉감과 안감을 각각 C지점이
일치하도록 맞댄 후 박음질하세요.

2

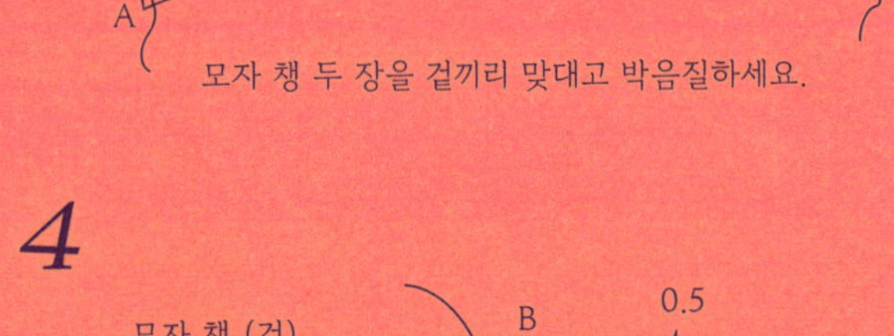

모자 챙 두 장을 겉끼리 맞대고 박음질하세요.

4

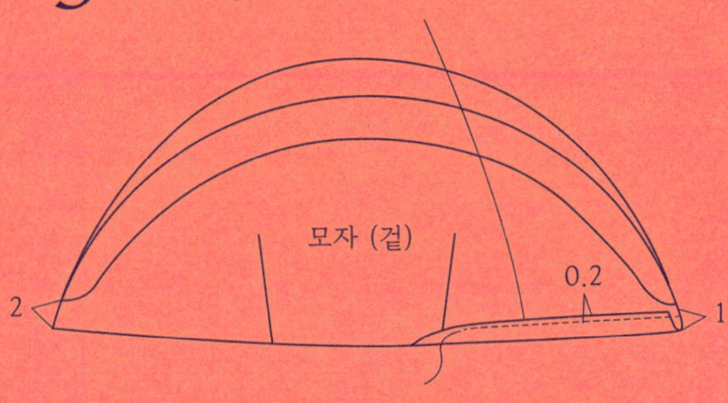

모자의 안감과 겉감 사이에 챙을 끼워 넣고
B지점이 일치하도록 맞댄 다음 빙 둘러 박음질하세요.

5 터널이 생기도록 안으로 1cm 접어 박음질하세요.

끈을 통과시킨 다음 가볍게 주름을 잡아 묶어주세요.

파우치

0~36개월

준비물

겉감용 꽃무늬 코튼 40 x 27cm

안감용 무지 리넨 40 x 27cm

터널용 무지 코튼 20 x 8cm

끈 60cm

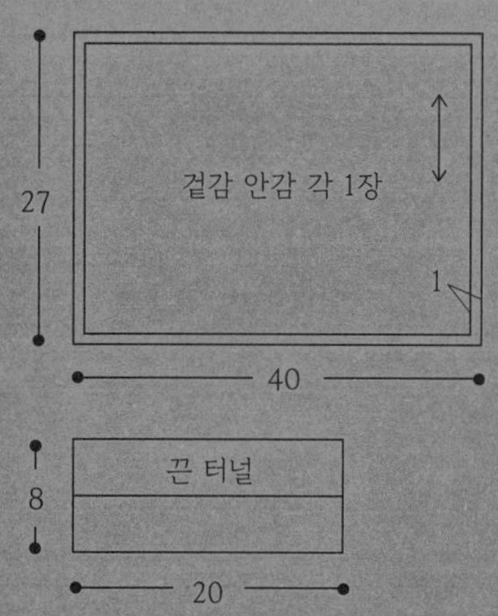

1 끈이 통과할 터널용 원단을
그림과 같이 박음질하세요.

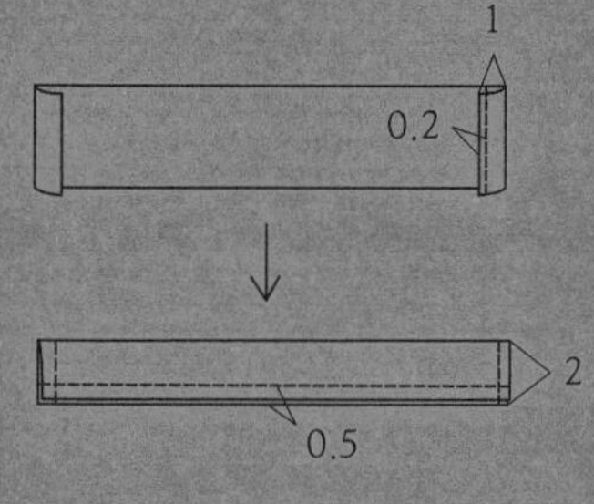

2 터널용 끈을 겉감과 안감 사이에 넣고 박음질하세요.

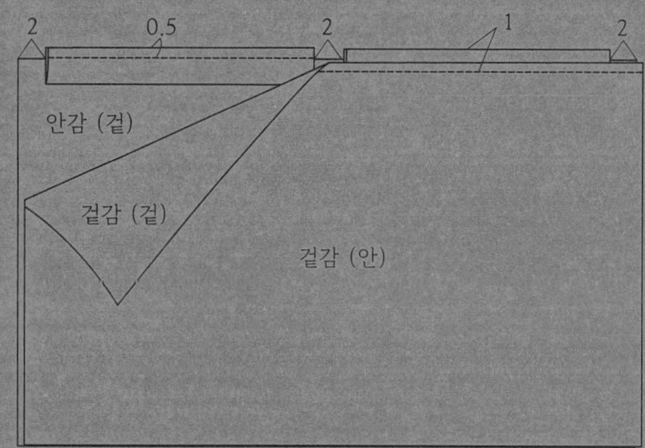

3 이어 붙인 겉감과 안감을 세로로
반 접어 시접을 박음질하세요.

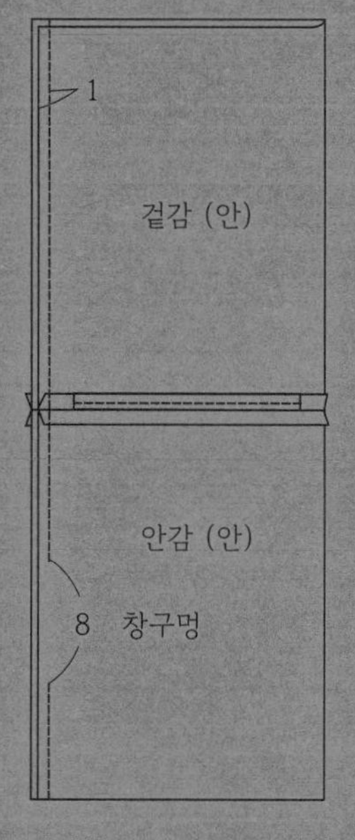

4 천을 다시 반으로 접어
밑단을 함께 박음질하세요.

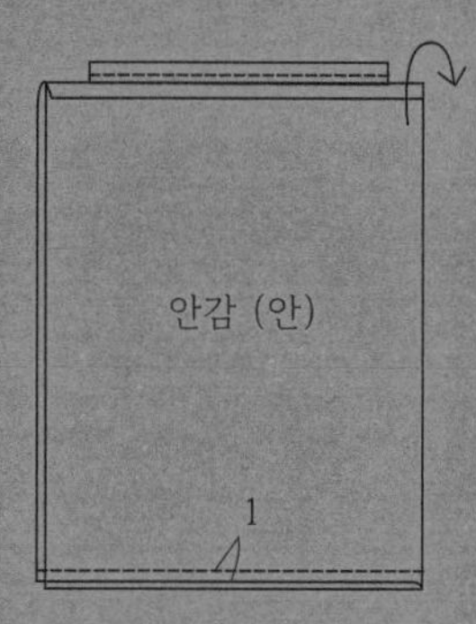

5 천을 뒤집어 창구멍을
공그르기로 마무리한 다음
끈을 통과시키면 완성입니다.

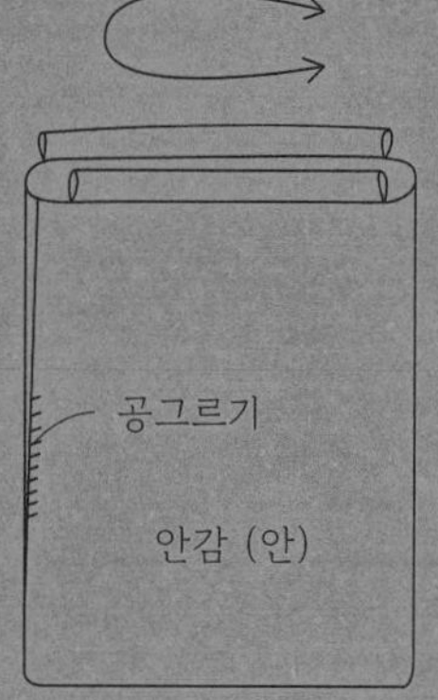

아기 신발

0~9개월 (패턴 1 – 노란색)

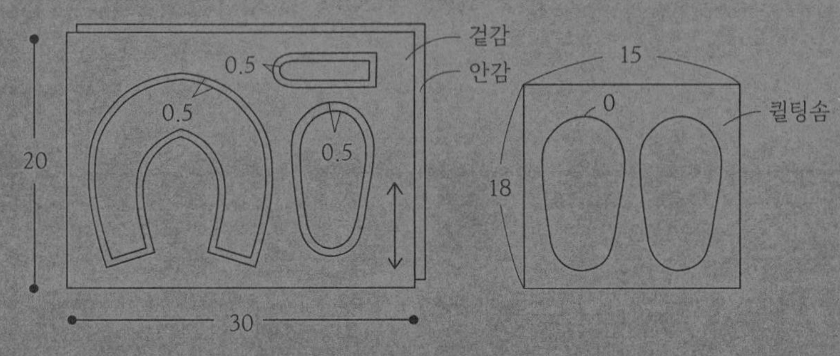

준비물

겉감용 꽃무늬 천 30 x 20cm

안감용 무지 코튼 30 x 20cm

2온스 퀼팅솜 15 x 18cm

스냅단추 1쌍

Tip

신발 끈은 사선이 아닌 원단의 가로
혹은 세로 방향으로 재단하세요.

만들기

1. 신발 끈 두 장을 겉끼리 맞대고
박음질한 후 뒤집으세요.
2. 4장의 신발 뒤축을 각각 겉끼리
마주 보게 놓고 박음질하세요.
3. 끈을 제 위치(각각 반대 방향으로)에 달아주세요.
4. 신발의 겉감과 안감을 겉끼리 마주 보게 겹친 뒤
뒤축의 중심선을 잘 맞추고 빙 둘러 박음질하세요.
5. 신발을 뒤집어 덧박음질하세요.
6. 앞부분을 시침질해 주름을 잡고 신발과
바닥 안감 천을 겉끼리 맞대고 빙 둘러 박음질하세요.
7. 바닥에 퀼팅솜을 덧대고 시접을 꺾어 감침질하세요.
8. 바닥용 겉감 천의 시접을 안으로 1cm 넣고 감침질하세요.
9. 창구멍으로 고무줄을 넣은 다음 창구멍을 막아주세요.
발등에 리본 장식을 달면 완성입니다.

1

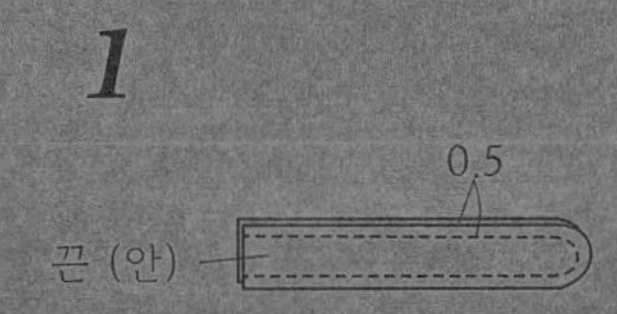

2

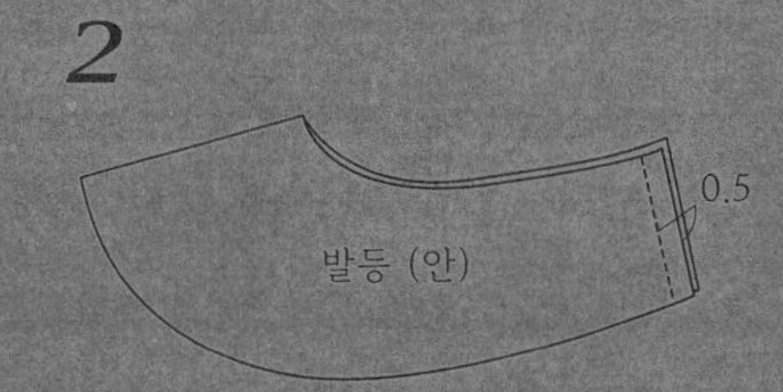

3

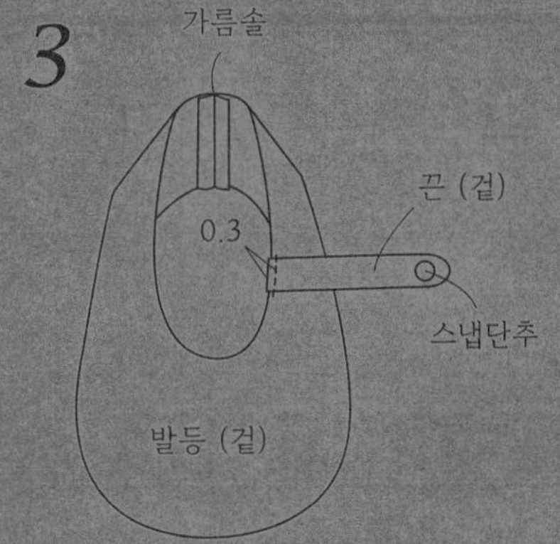

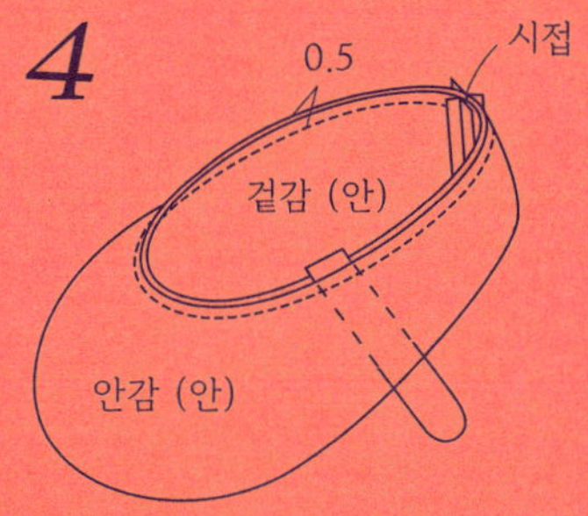

겉감과 안감을 시침핀으로 잘 맞춘 다음 박음질하세요.

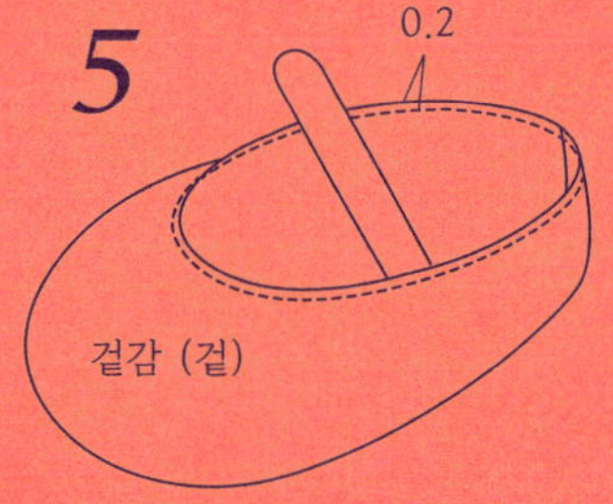

시접을 다림질한 후 박음질하세요.

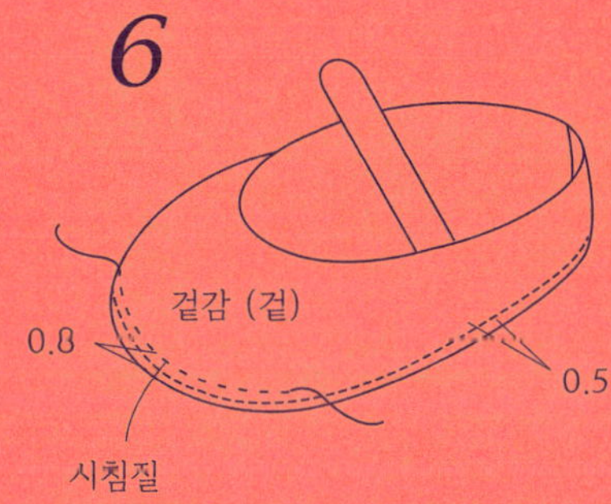

박음질한 다음 시침실을 빼내세요.

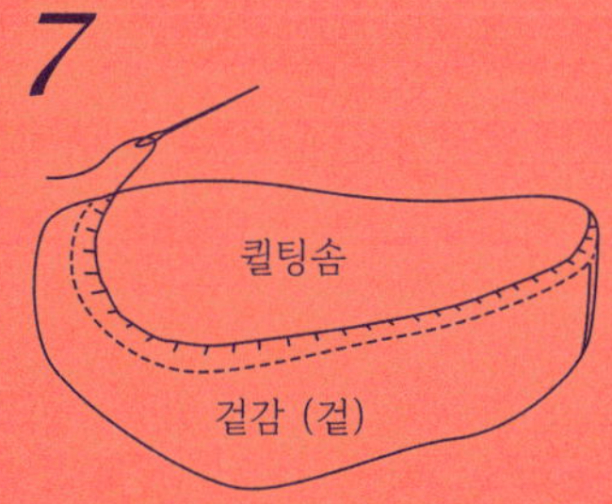

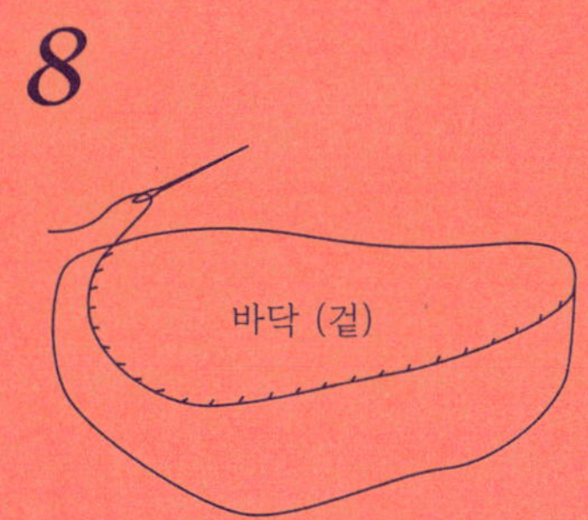

러플 블라우스

3, 6, 12개월 (패턴 2 – 주황색)

준비물

40수 코튼 1마
지름 10mm 단추 3개

Tip

분량의 시접을 미리 접어 다려놓으면
마무리하기가 훨씬 편리해요.

만들기

1. 뒤판의 중심선을 안쪽으로 길게 0.5cm 접어
박음질한 다음 3cm 접어 다림질하세요.
2. 앞판과 뒤판 두 장을 겉감끼리 맞대고 어깨를 연결하세요.
3. 러플의 3면을 0.5cm 접고 다시 0.5cm 접어 말아박기한 후
목둘레 부분을 두 줄로 시침질해 주름을 잡아주세요.
(목둘레의 앞쪽 중심 A, 뒤쪽 중심 B의 표시점을 맞추어
주름을 골고루 분배하세요.)
4. 목둘레(겉)에 러플(안)과 양 끝을 1cm 안으로 접은
바이어스(겉)를 얹고 뒤판 중심의 시접분을
바깥으로 접어 겹친 다음 함께 빙 둘러 박음질하세요.
5. 바이어스 시접을 0.3cm 남기고 재단한 다음
가위집을 넣고, 안쪽으로 1cm 접고 다시 1cm 접어
시접을 감싼 다음 박음질로 마무리하세요.
6. 소매와 몸판을 겉끼리 맞대고 연결한 후
소매단에서 몸판 밑단까지 연결하세요.
7. 소매단과 밑단을 시접 1cm 접고
다시 1cm 접어 박음질로 마무리하세요.
8. 단춧구멍(여아는 오른쪽, 남아는 왼쪽)을
만든 다음 단추를 달아주세요.

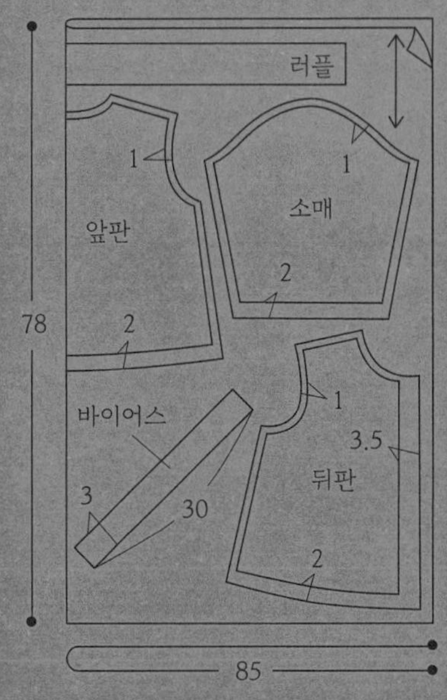

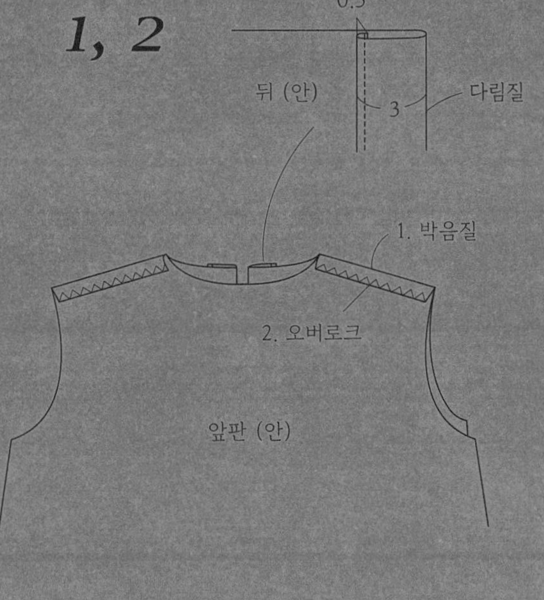

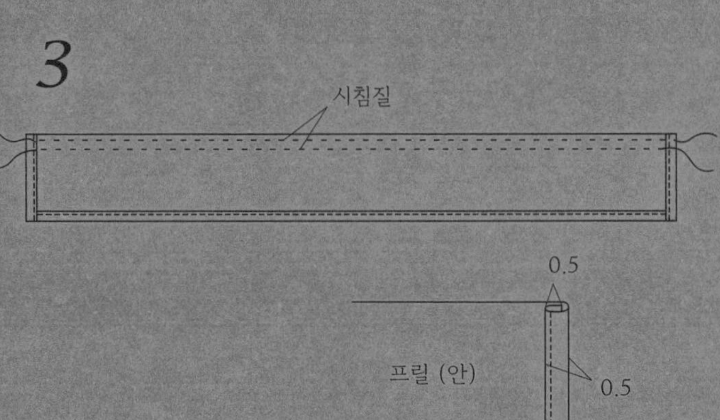

4

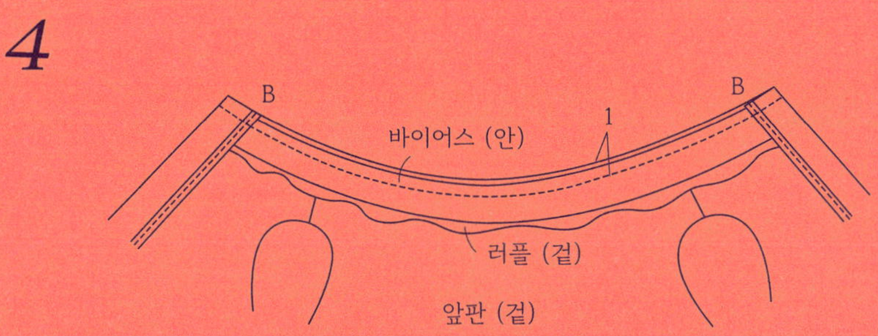

5

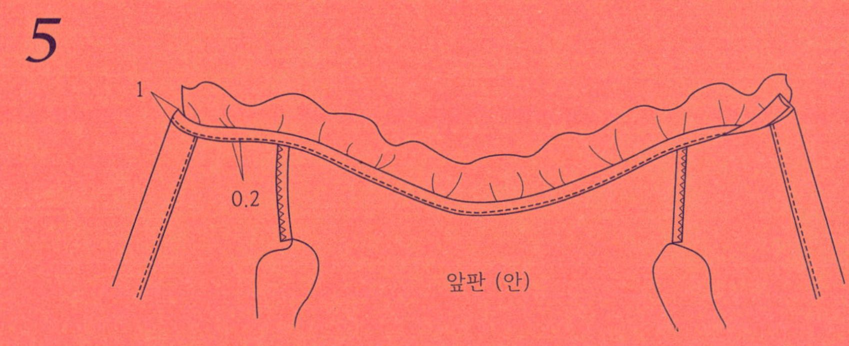

6

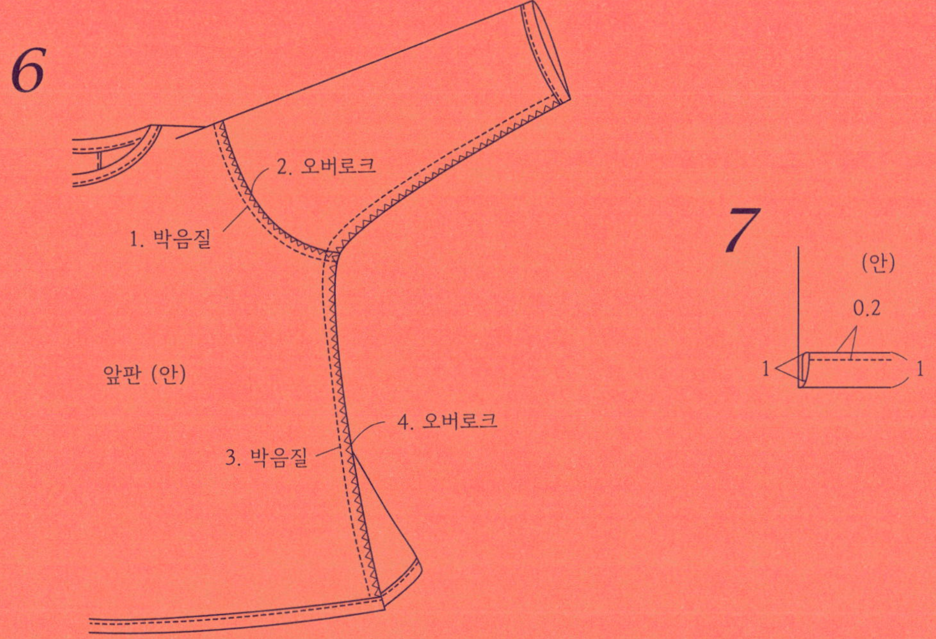

7

블루머

3, 6, 12개월 (패턴 2 – 보라색)

준비물

40수 코튼 112 x 38cm
폭 10mm 고무줄 적당량
폭 5mm 고무줄 적당량

Tip

고무줄 길이는 아이 체형에 맞게
조절한 뒤 잘라주세요.

만들기

1. 가랑이의 안쪽 부분인 밑위를 박음질하고
오버로크 처리하세요.

2. 블루머를 겉끼리 포개고 앞뒤 중심선을
박음질한(창구멍 제외) 다음 오버로크 처리하세요.

3. 허릿단을 안쪽으로 0.5cm 접고 다시 2cm 접어
박음질해 고무줄이 들어갈 수 있는 터널을 만드세요.

4. 폭 10mm 고무줄을 아이의 사이즈에 맞게 자른 다음
(3개월=34cm, 6개월=36cm, 12개월=38cm),
허리에 넣어 한 바퀴 돌리고 고무줄의 처음과
끝 부분을 단단히 마무리한 뒤 창구멍을 막아주세요.

5. 밑단은 안쪽으로 0.5cm를 접고 다시 1cm를 접어
다림질한 후 박음질하세요(창구멍 2cm 제외).

6. 폭 5mm 고무줄을 정해진 길이대로 잘라
(3개월=17cm, 6개월=18cm, 12개월=19cm)
고무줄을 바지 밑단에 각각 넣고 단단히
마무리한 후 창구멍을 막아주세요.

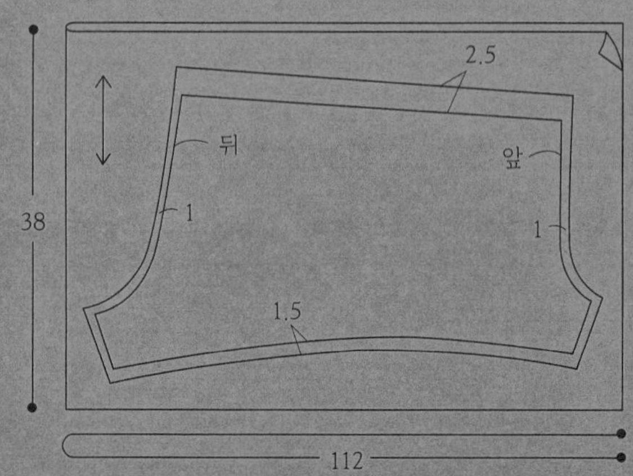

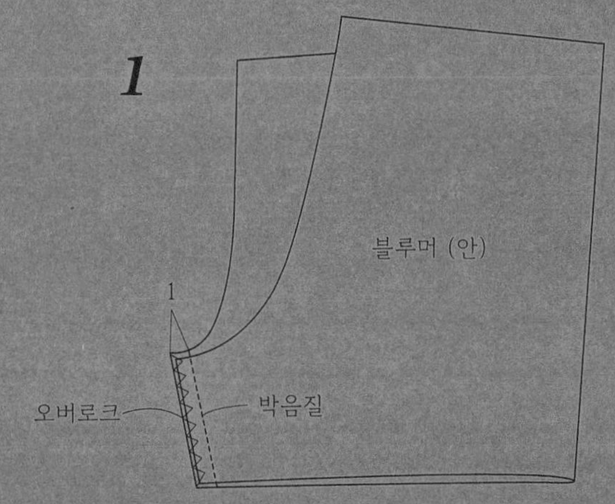

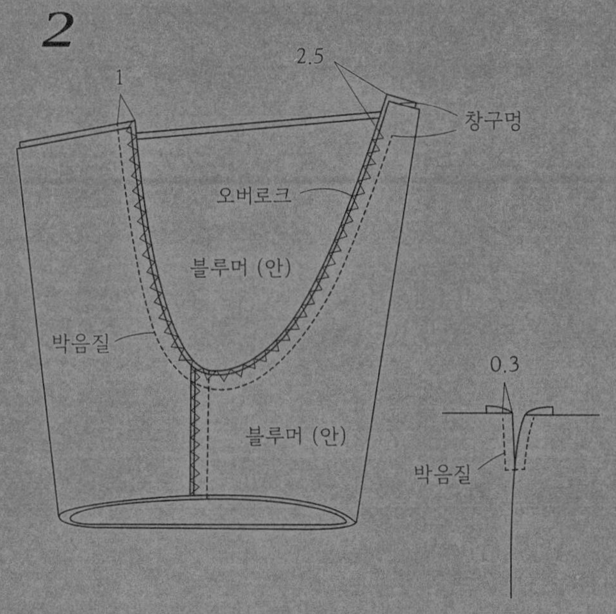

3, 4

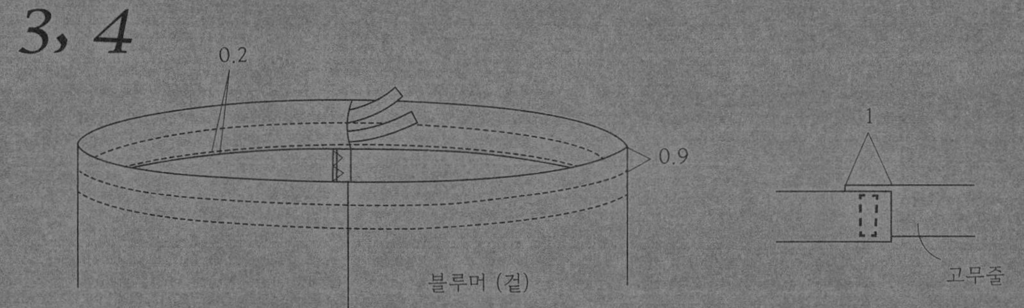

5, 6

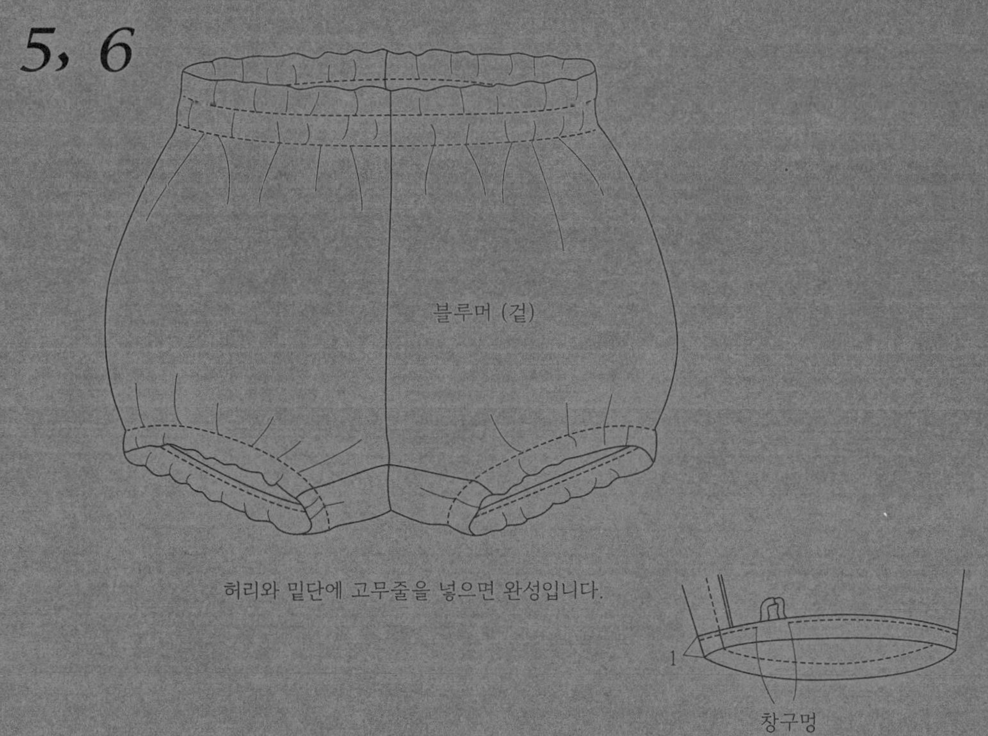

허리와 밑단에 고무줄을 넣으면 완성입니다.

백 버튼 셔츠

6. 12개월 (패턴 3 - 하늘색)

준비물

40수 무지 코튼 140 x 70cm

지름 10mm 단추 5개

만들기

1. 단춧단 두 장을 겉끼리 맞대고 박음질한 다음
뒤집어 제 위치에 얹어 덧박음질하세요.
이어서 장식용으로 단추 두 개를 달아주세요.
2. 뒤판 중심을 안으로 접어 수직으로 박음질하세요.
3. 어깨를 박음질한 후 오버로크 처리하세요.
4. 목둘레에 바이어스를 얹고 뒤판 중심의
시접분과 함께 박음질하세요.
5. 목둘레 시접을 0.7cm 남기고 자른 다음 가위집을 넣으세요.
바이어스를 안감 방향으로 꺾어 말아 박음질하세요.
6. 소매와 몸판을 겉감끼리 맞대고 연결한 후
소매단에서 몸판 밑단까지 연결하세요.
7. 소매단과 밑단을 시접 0.5cm 접고
다시 1.5cm 접어 박음질로 마무리하세요.
8. 뒤판에 단춧구멍(왼쪽)을 만든 다음 단추를 달아주세요.

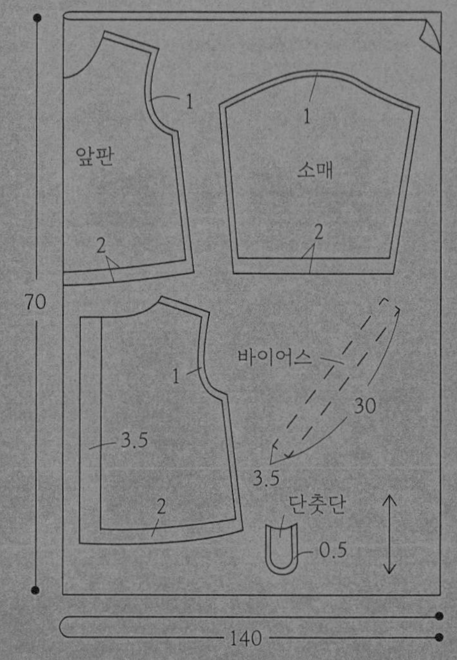

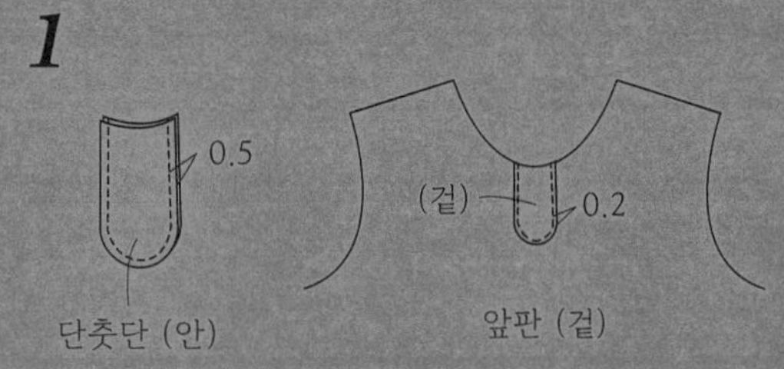

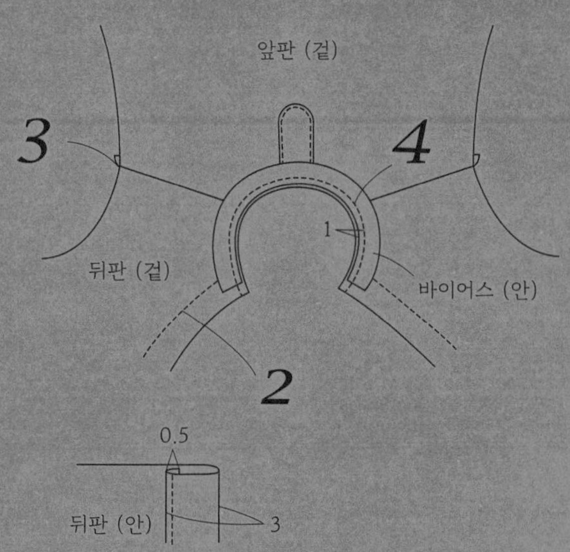

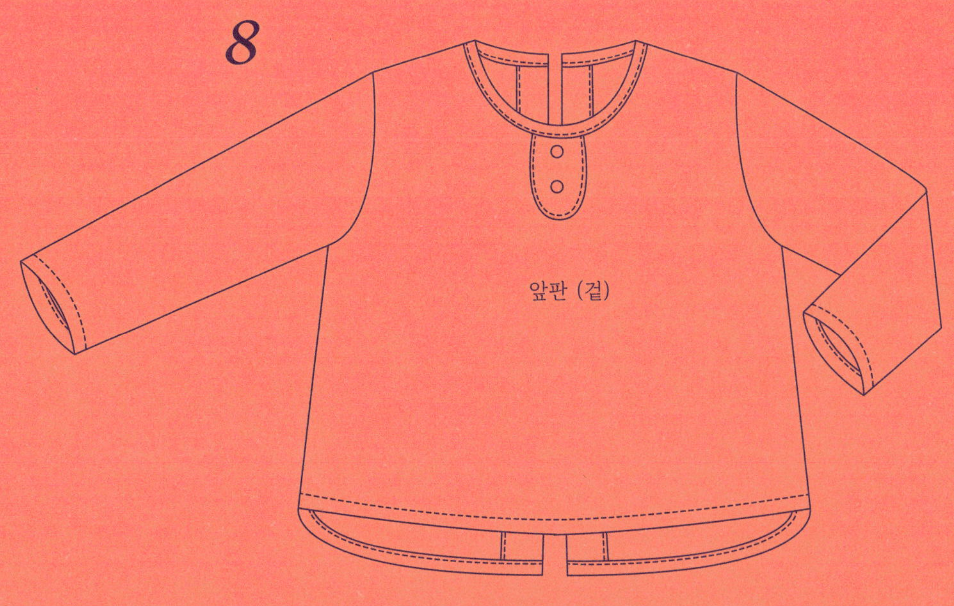
5 목둘레를 바이어스 처리하세요. 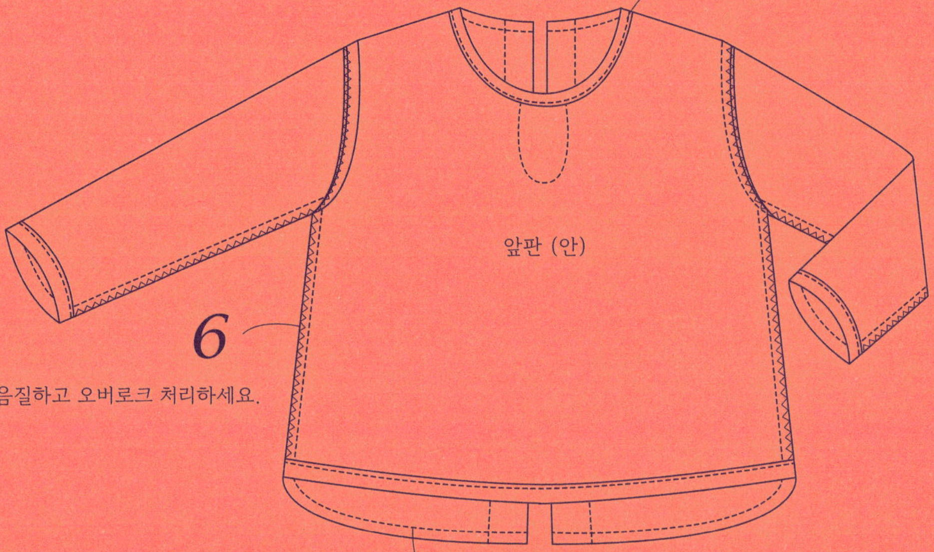
앞판 (안)
6
옆선을 박음질하고 오버로크 처리하세요.
7 소매단과 밑단을 말아 접고 박음질하세요.
8
앞판 (겉)
단춧구멍을 내고 단추를 달면 완성입니다.

롬퍼

3, 6, 12개월 (패턴 2 – 분홍색)

준비물

40수 코튼 53 x 95cm 1장
폭 4cm 바이어스 120cm
스냅단추 3쌍

만들기

1. 앞판과 뒤판을 겉끼리 마주 보게 놓고
옆선을 박음질하고 오버로크 처리하세요.
2. 앞판에서 뒤판까지 이어지는 밑단의 왼쪽과 오른쪽을
각각 말아 접어 박음질해 고무줄이 통과할 터널을 만드세요.
3. 밑단을 접어 만든 터널에 고무줄을 넣어 통과시키고
주름을 적당히 잡은 다음 양 끝을 단단히 박음질하세요.
4. 앞뒤 밑단을 0.5cm 접고 다시 2cm 접어
박음질한 다음 스냅단추를 달아주세요.
5. 진동과 목둘레를 바이어스 처리하면 완성입니다.

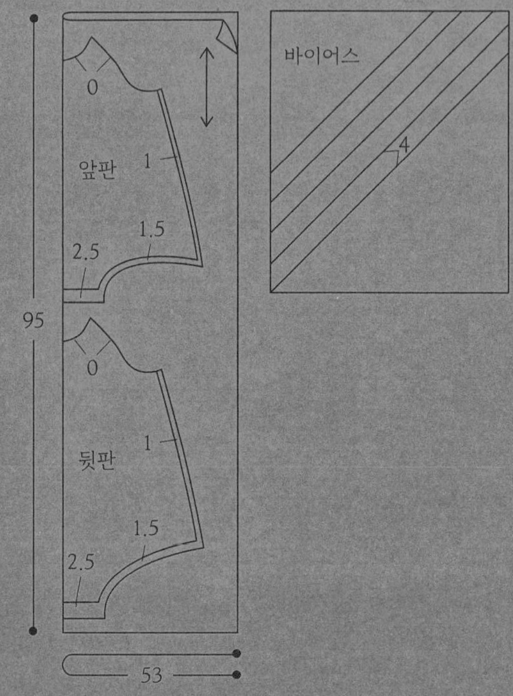

1

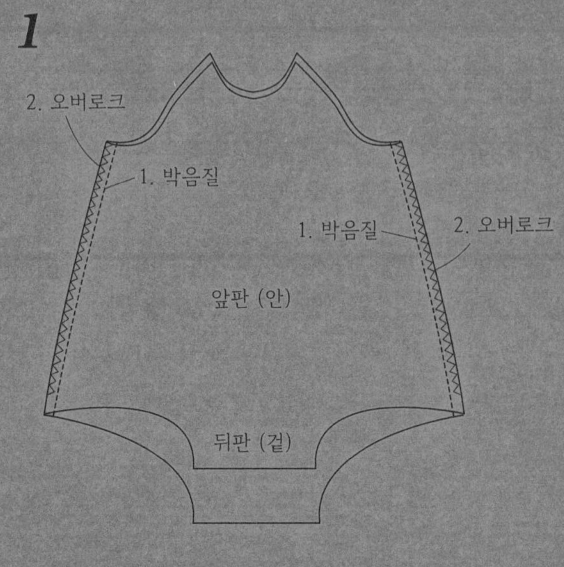

2

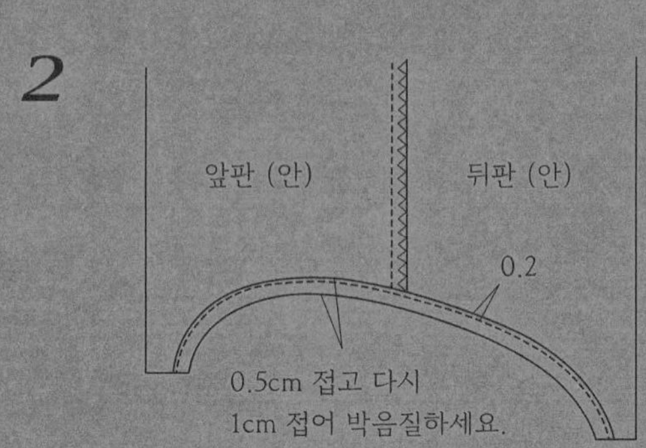

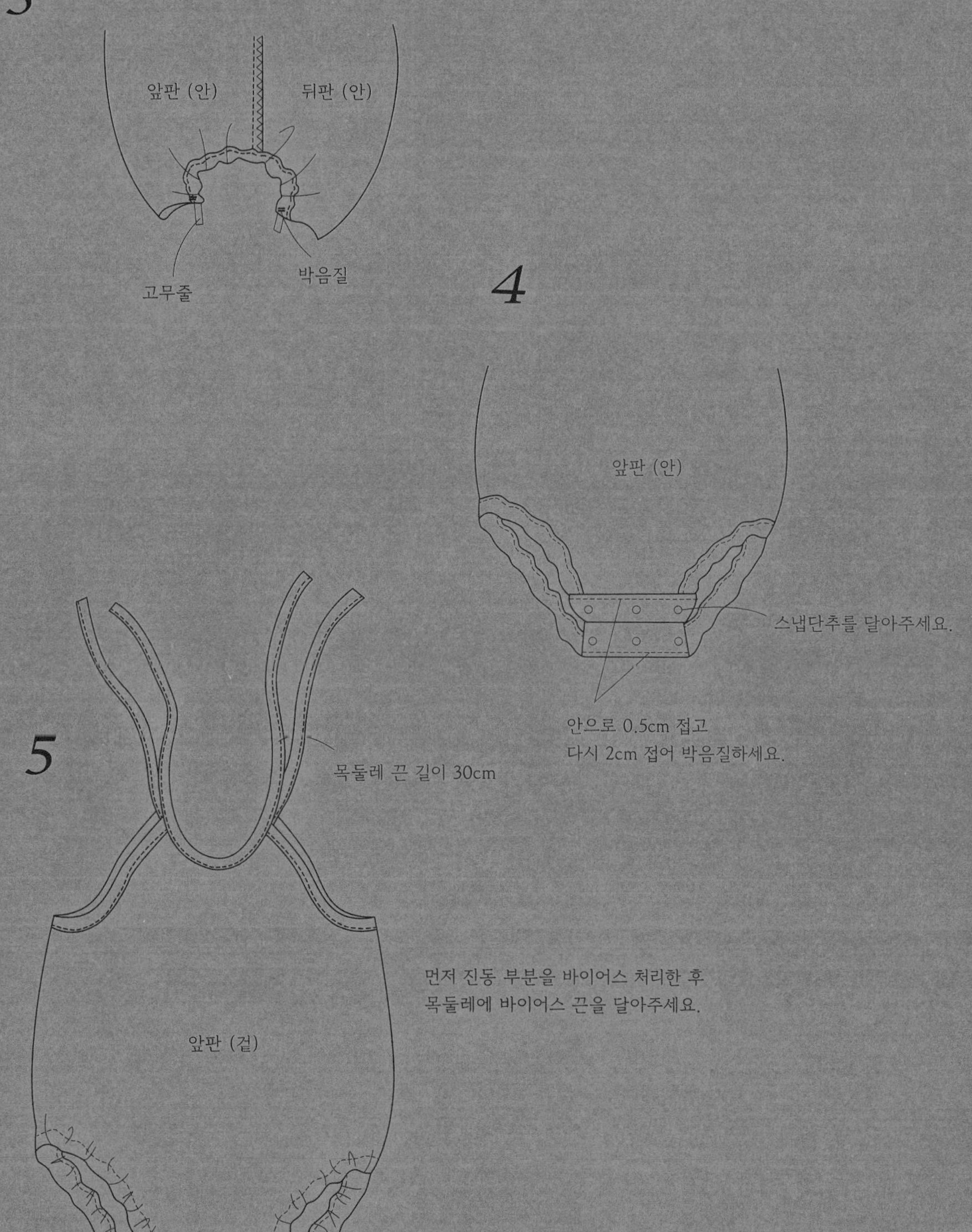

3
앞판 (안)
뒤판 (안)
고무줄
박음질
4
앞판 (안)
스냅단추를 달아주세요.
안으로 0.5cm 접고
다시 2cm 접어 박음질하세요.
5
목둘레 끈 길이 30cm
앞판 (겉)
먼저 진동 부분을 바이어스 처리한 후
목둘레에 바이어스 끈을 달아주세요.

슬리브리스 원피스

6, 12, 18개월, 2세 (패턴 2 – 하늘색)

준비물

30수 코튼 1마
지름 12mm 단추 2개

Tip

스커트 부분은 패턴이 따로 없습니다.
아이의 연령에 따라 오른쪽 설명서에 적힌
치수대로 재단하세요.

만들기

1. 뒤 요크 중심의 시접을 안쪽으로 접어 박음질하세요.
2. 앞뒤 요크를 겉끼리 마주 보게 놓고 어깨와 옆선을
박음질한 후 오버로크 처리하세요.
3. 소매 둘레를 바이어스 처리하세요.
4. 목둘레를 바이어스 처리하세요.
5. 뒤 요크 중심의 시접을 겉끼리 마주 보게
포개고 박음질하세요.
6. 치마 원단을 겉끼리 마주 보도록 반 접어서
박음질하고, 오버로크 처리한 다음
치마 밑단을 말아 접어 박음질하세요.
7. 치마를 몸판의 중심과 맞추고 주름을 골고루 펴세요.
8. 바로 뒤집어 이음 부분을 덧박음질하세요.
9. 뒤 요크에 표시되어 있는 부분에
단춧구멍을 만들고 단추를 달아주세요.

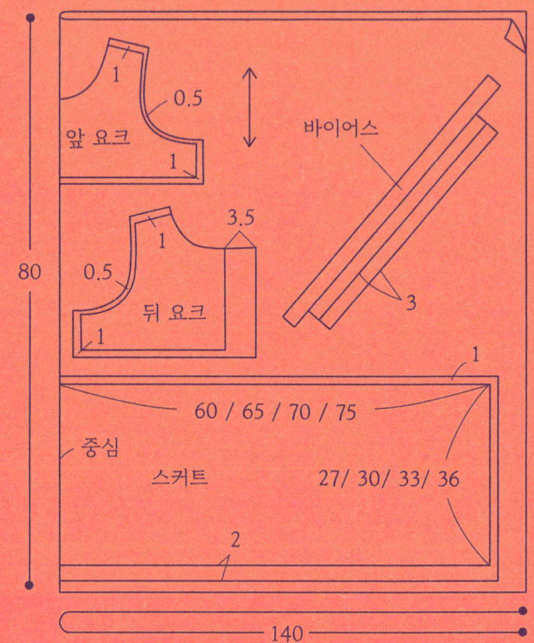

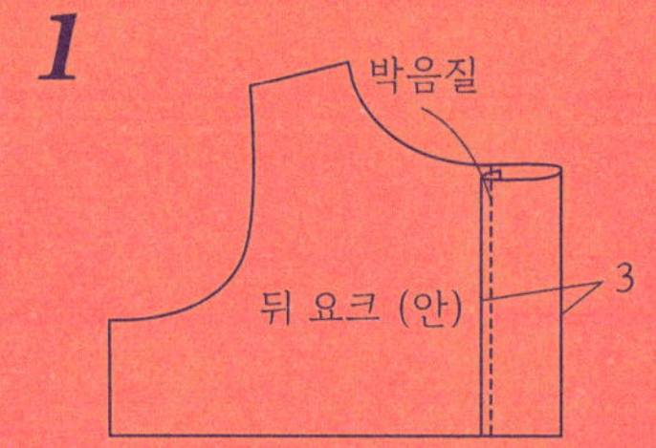

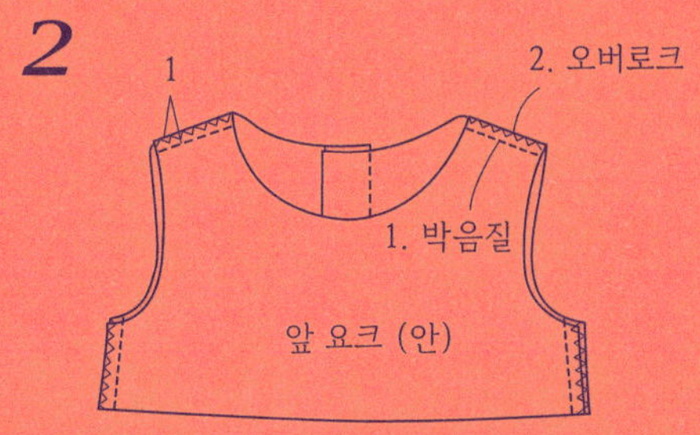

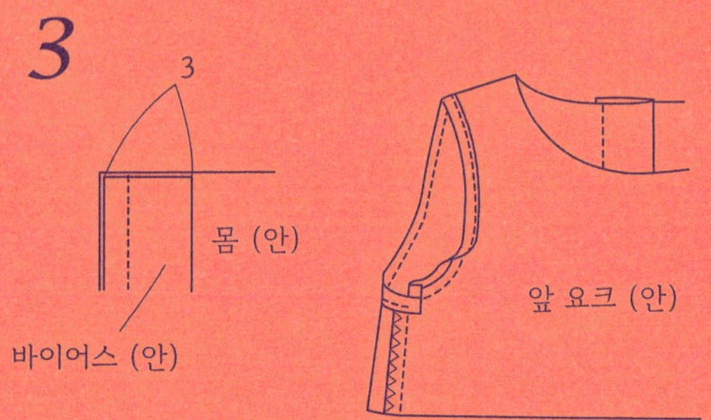

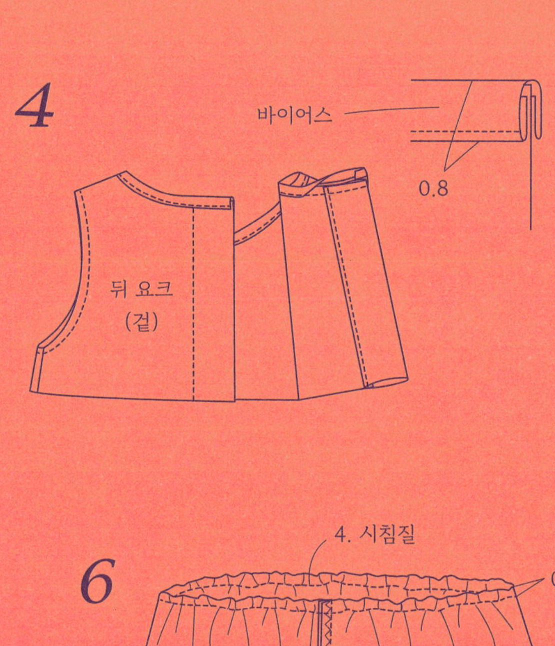

4
바이어스
0.8
뒤 요크
(겉)

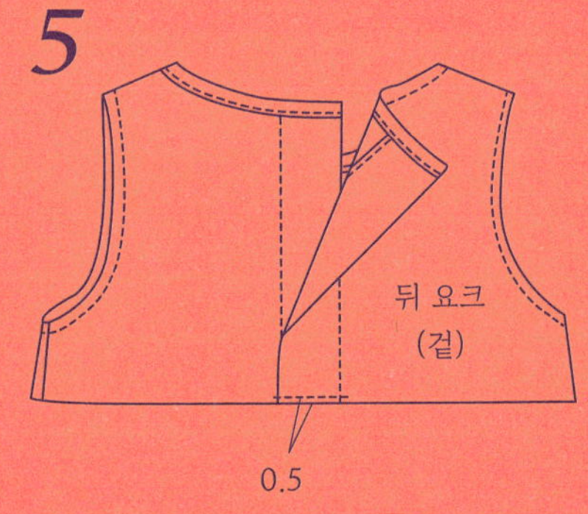

5
뒤 요크
(겉)
0.5

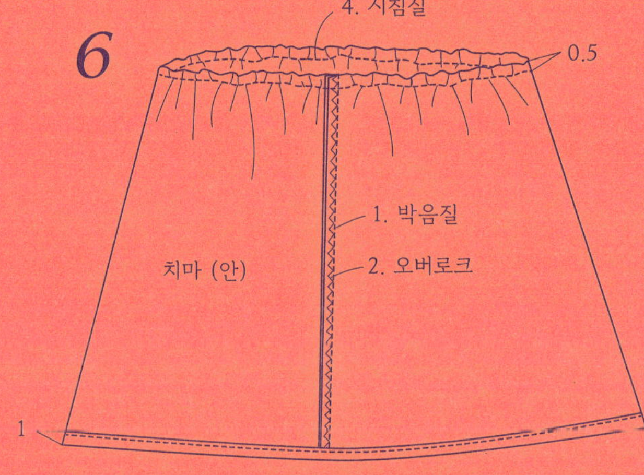

6
4. 시침질
0.5
1. 박음질
2. 오버로크
치마 (안)
1

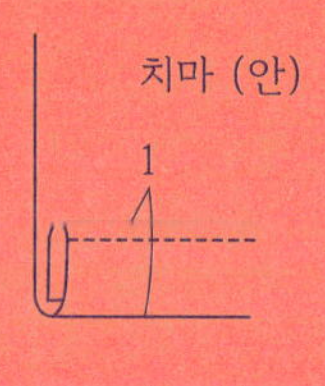

치마 (안)
1

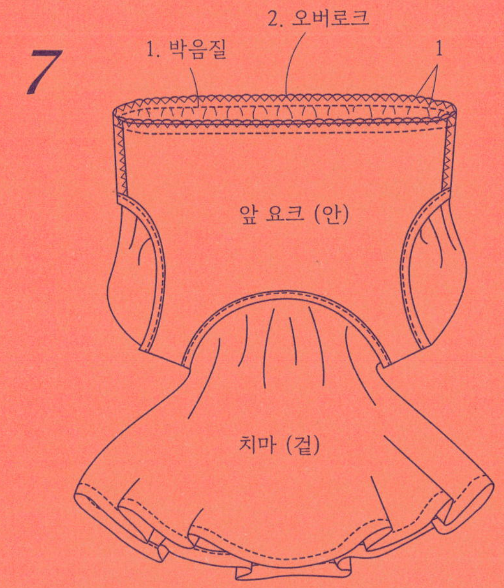

7
1. 박음질
2. 오버로크
1
앞 요크 (안)
치마 (겉)

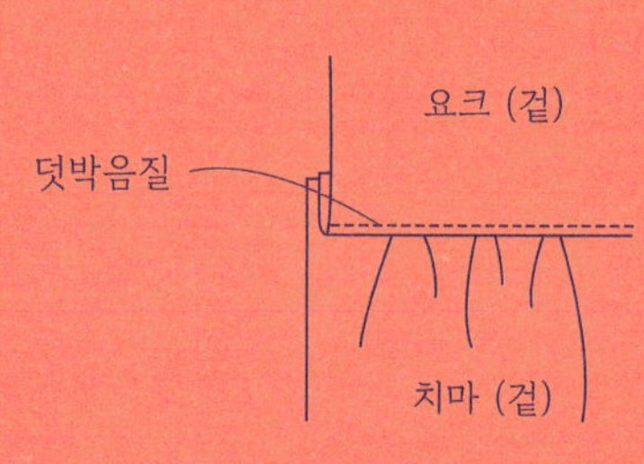

8
요크 (겉)
덧박음질
치마 (겉)

코지 팬츠

2, 4, 6세

준비물

40수 리넨 1마
폭 2cm 고무줄 적당량

Tip

패턴이 따로 없습니다.
아이의 연령에 따라 오른쪽 설명서에 적힌
치수대로 재단하세요.

만들기

1. 다리 부분 원단을 겉끼리 마주 보게 길이로 반 접어
밑단에서 B 지점까지 박음질한 다음 오버로크 처리하세요.
2. 바지 중심 원단을 겉끼리 마주 보게 반 접어 A에서 B까지
가랑이의 밑위를 빙 둘러 박음질한 후 오버로크 처리하세요.
3. 허릿단을 안쪽으로 0.5cm 접고 다시 2cm 접어
박음질해 고무줄이 들어갈 수 있는 터널을 만드세요.
4. 2cm 폭의 고무줄을 정해진 길이대로 자른
(2세=44cm, 4세=46cm, 6세=48cm) 다음,
허리 터널로 통과시켜 단단히 연결하세요.
5. 밑단은 안쪽으로 0.5cm 접고 다시 1cm 접어
다림질한 후 박음질하세요.

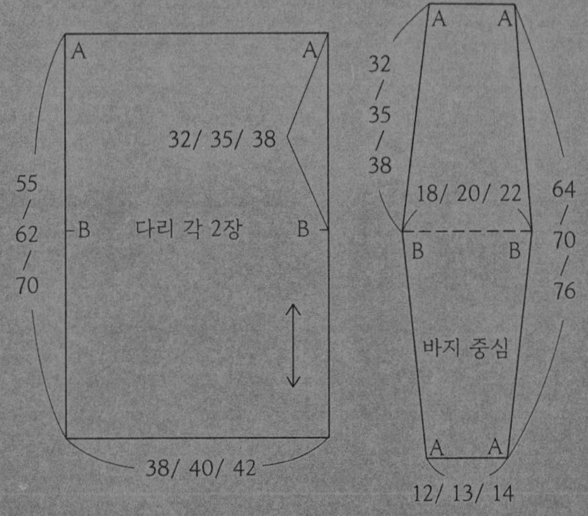

1

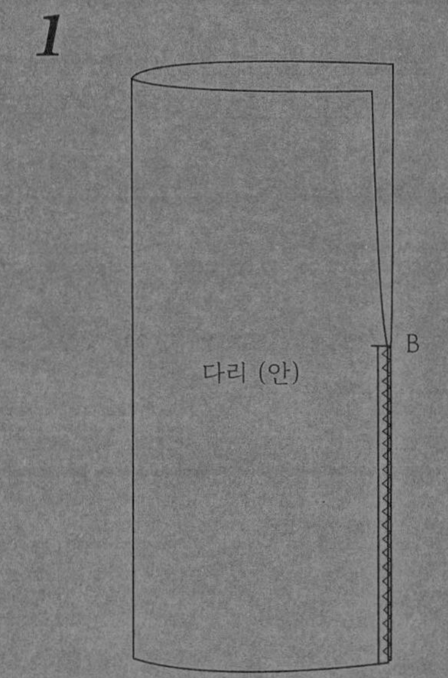

2

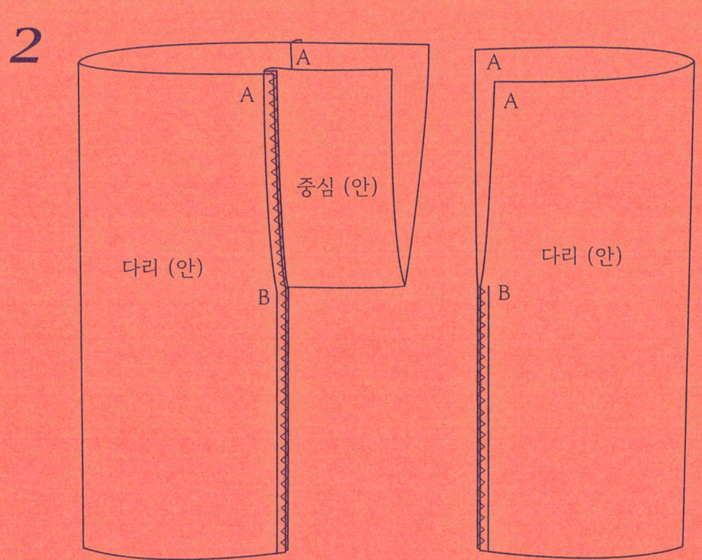

3

4

5

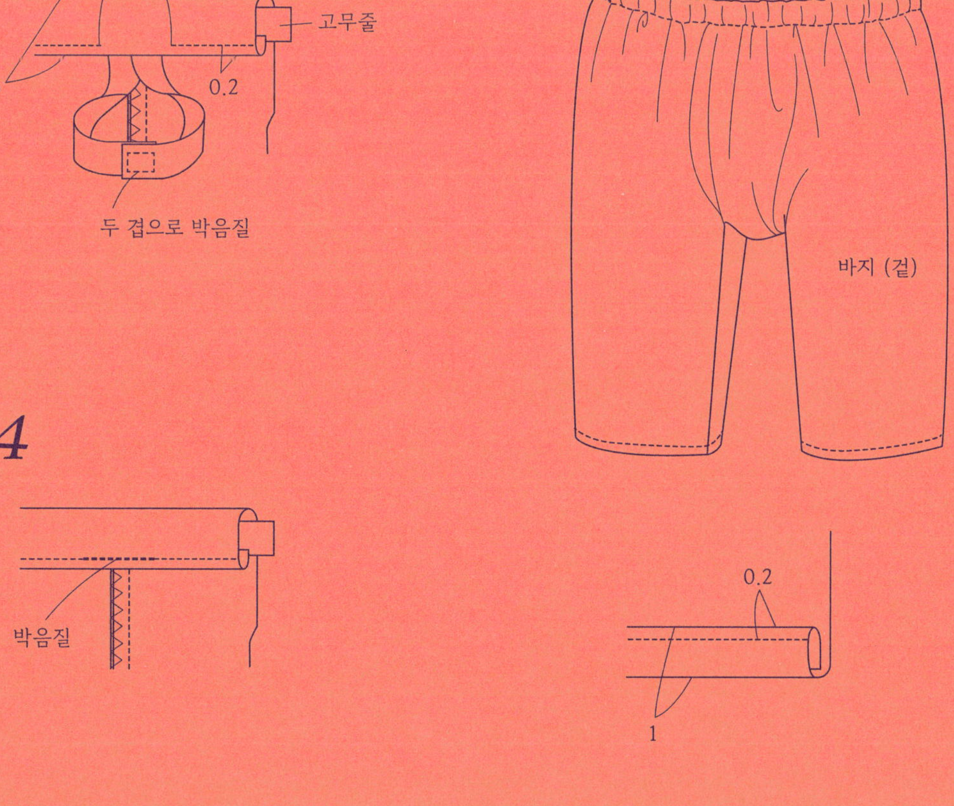

탱크 톱

6, 12개월, 2, 4세(패턴 2 – 붉은색)

준비물

40수 코튼 128 x 50cm

Tip

바이어스 끈 대신 리본이나 레이스 등
다른 소재를 이용해도 좋아요.

만들기

1. 설명을 참조하여 끈을 만드세요.
2. 소매 진동을 안으로 말아 접어 박음질하세요.
양 끝 시접도 안쪽으로 접어 박음질하세요.
3. 뒤판 중심에 트임을 만드세요.
4. 몸판 윗부분을 0.5cm 접고 다시 2cm 접어
박음질해 끈이 통과할 터널을 만드세요.
5. 앞뒤 몸판을 겉끼리 맞대고 박음질한 다음
옆선을 통솔 처리하세요.
6. 소매 진동 아래 시접을 한쪽으로 접어 눌러 박으세요.
7. 밑단을 1cm 접고 다시 1cm 접어 박음질하세요.
8. 고무줄 끼우개나 옷핀을 이용해 끈을 넣으세요.

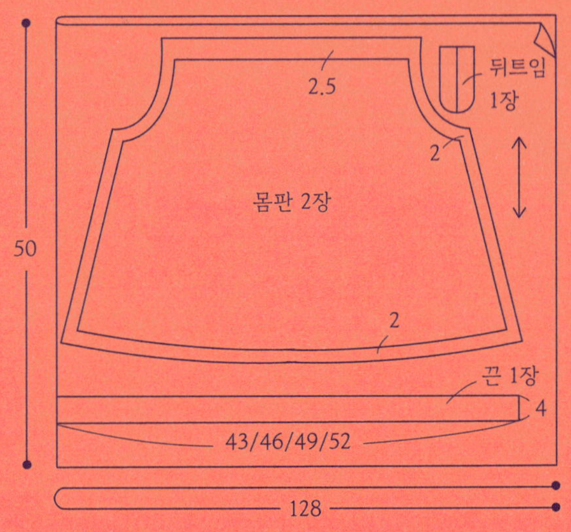

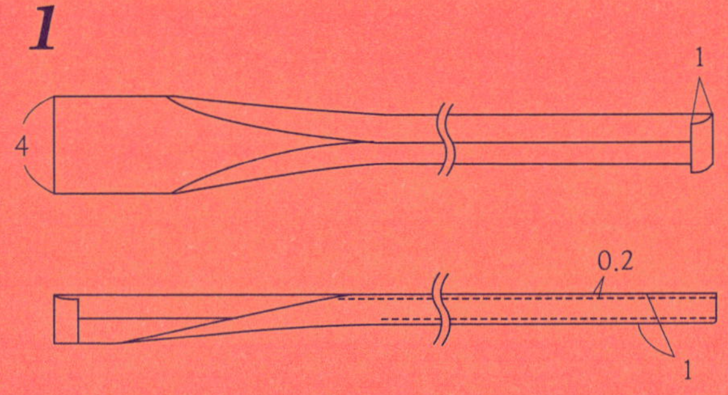

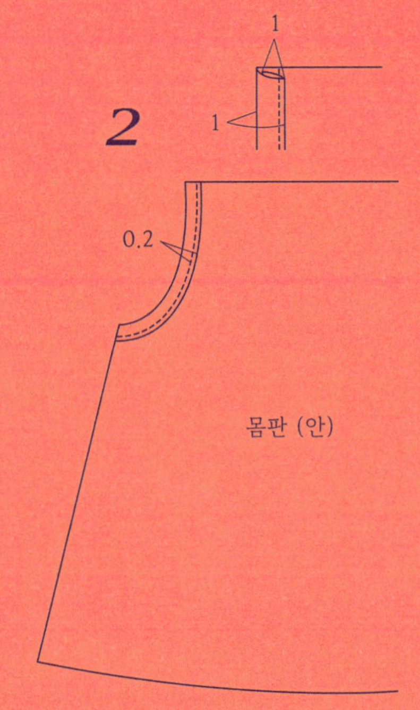

3

1. 오버로크   2. 박음질

0.5

뒤중심선

3. Y자로 가위집 넣기

4. 뒤집어서 다림질하기

5. 박음질

뒤판 (겉)

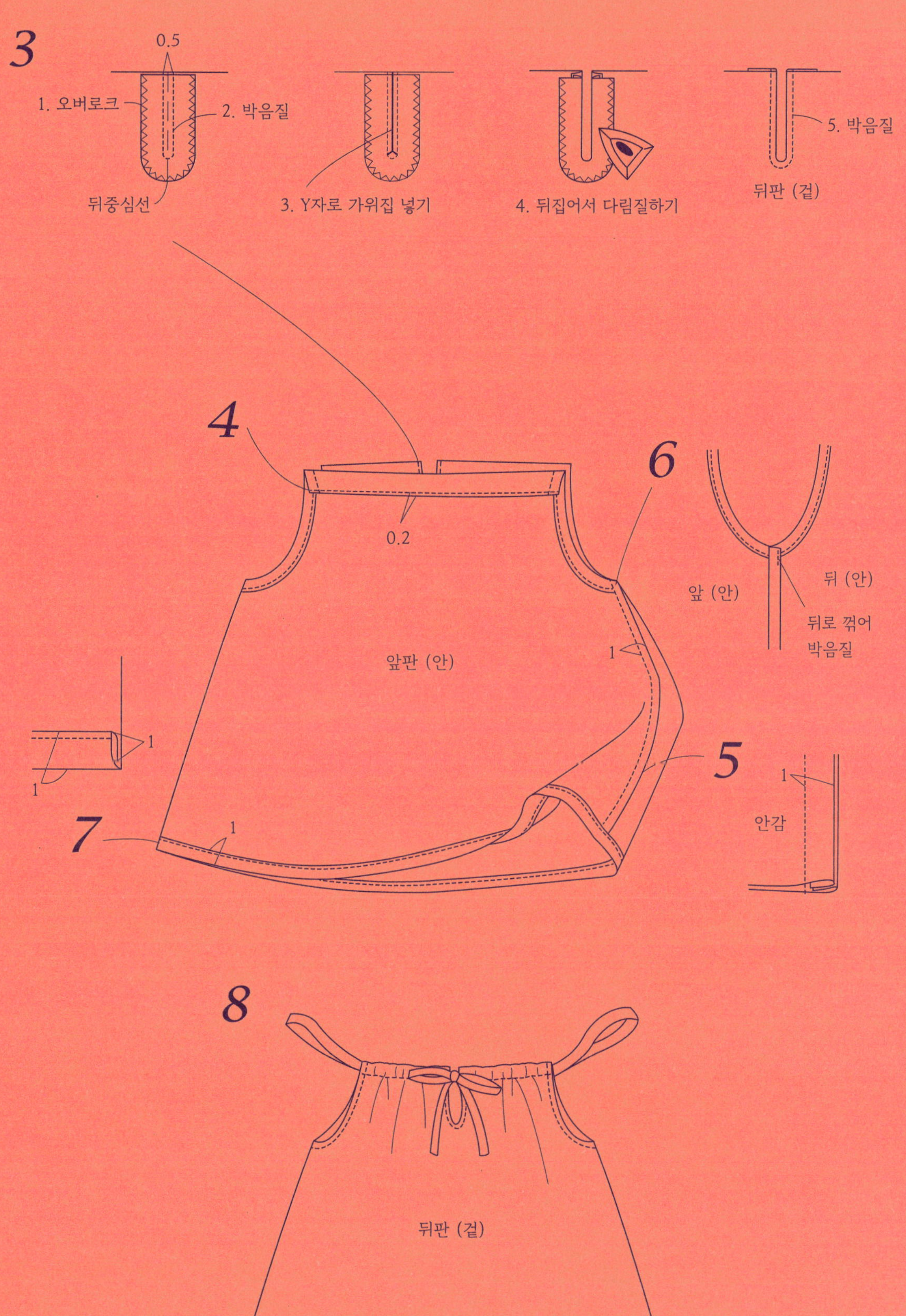

퍼프 쇼츠

2, 4세(패턴 3 – 보라색)

준비물

30수 리넨 100 x 40cm
폭 10mm 고무줄 적당량

만들기

1. 앞뒤 중심선을 박음질한 후 오버로크 처리하세요.
2. 바지 가랑이의 안쪽 부분인 밑위를
박음질한 후 오버로크 처리하세요.
3. 허릿단을 안으로 0.5cm 접고 다시 1cm 접은 다음
다림질해 고무줄이 들어갈 수 있는 터널을 만드세요.
4. 적당량의 고무줄을 잘라 허리에 통과시켜주세요.
고무줄의 처음과 끝 부분은 단단히 연결하고
창구멍을 공그르기로 마무리하세요.
5. 밑단은 안쪽으로 0.5cm 접고 다시 0.5cm 접어
다림질한 후 2cm의 창구멍을 남기고 박음질하세요.
6. 적당량의 고무줄을 잘라 양쪽 바지 밑단에 넣고
단단히 연결한 후 창구멍을 막아주세요.

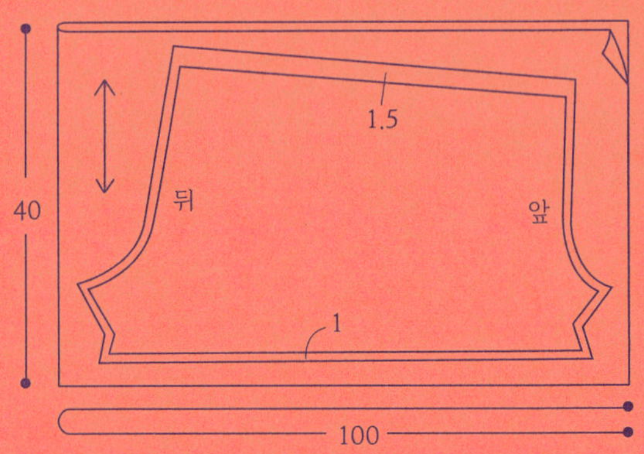

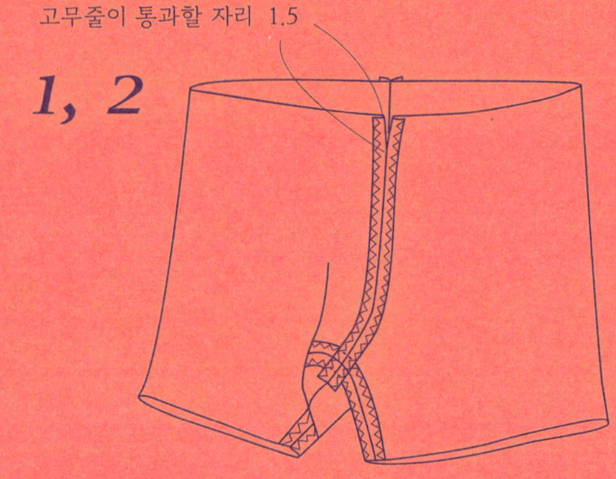

3, 4

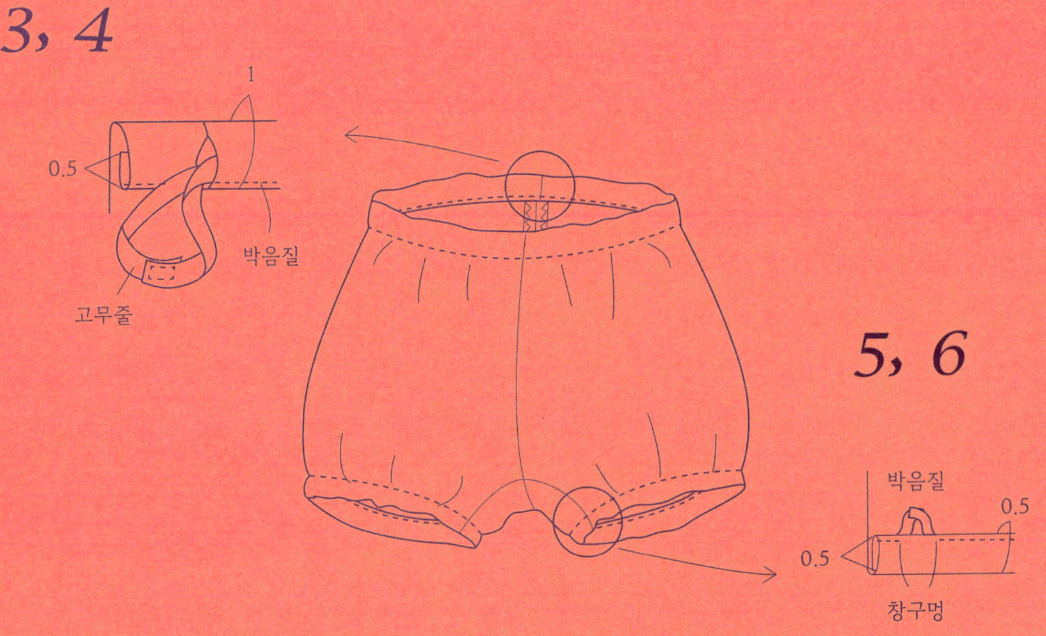

배기 팬츠

3, 6, 12개월 (패턴 3 - 붉은색)

준비물

체크무늬 리넨 108 x 35cm
폭 20mm 고무줄 적당량

만들기

1. 팬츠 앞뒤 원단을 겉끼리 맞대고 팬츠 옆선과
밑위를 박음질한 다음 오버로크 처리하세요.
2. 허릿단을 안쪽으로 0.5cm 접고 다시 2cm 접어
박음질해 고무줄이 들어갈 수 있는 터널을 만드세요.
3. 고무줄을 정해진 길이대로 자른(3개월=34cm,
6개월=36cm, 12개월=38cm) 다음, 허리에
고무줄을 넣어 한 바퀴 돌린 후 고무줄의 처음과
끝 부분을 단단히 마무리하고 창구멍을 막아주세요.
4. 밑단은 안쪽으로 1cm 접고 다시 1cm 접어
다림질한 후 박음질하세요.

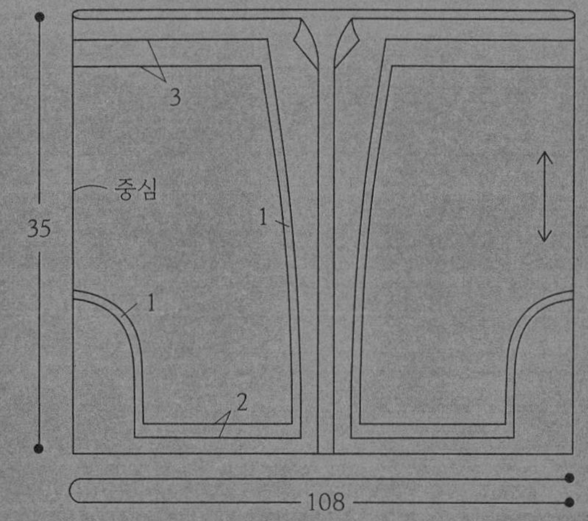

1

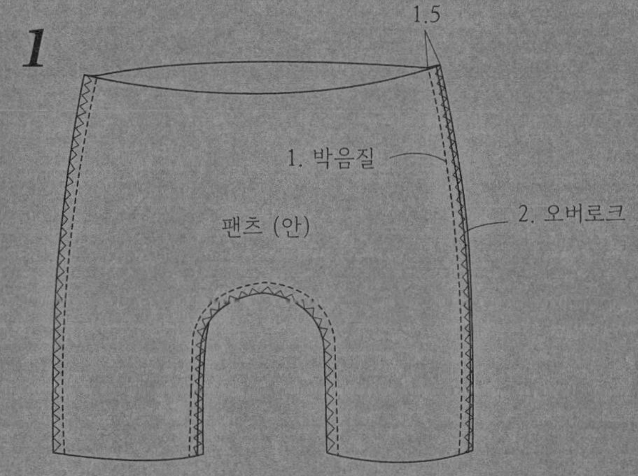

2, 3

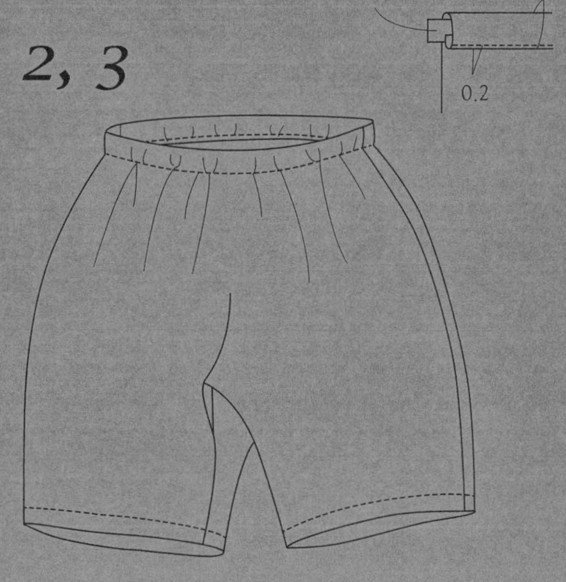

4

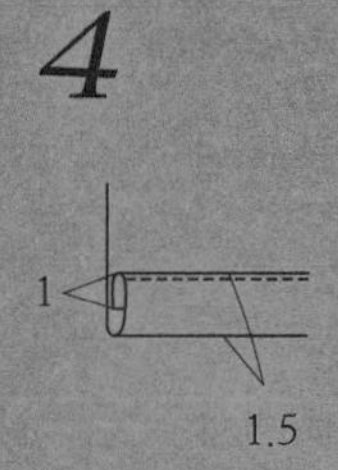

튜닉 원피스, 튜닉 블라우스

2, 4, 6세(패턴 3 - 주황색)

준비물
무지 리넨 108 x 135cm
폭 3cm 리본 90cm

Tip
튜닉 원피스 패턴 안에 튜닉 블라우스 패턴도
포함되어 있습니다. 계절에 따라 소매 길이를
조절해 만들어보세요.

만들기
1. 소매 진동 둘레를 앞뒤판과 겉끼리 맞대고
연결한 다음 옆선을 박음질하세요.
2. 앞판 중심에 트임 안단을 댄 다음
목둘레를 바이어스 처리하세요.
3. 소매를 1cm 접고 다시 1cm 접어 박아
터널을 만든 다음 고무줄(2세=13cm,
4세=14cm, 6세=15cm)을 넣어 마무리하세요.
4. 밑단을 1cm 접고 다시 1cm 접어 박으세요.
5. 목둘레에 리본을 통과시키면 완성입니다.

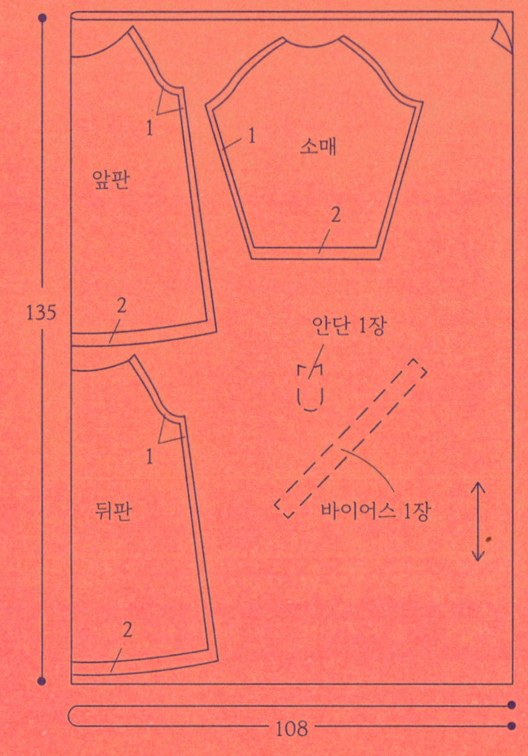

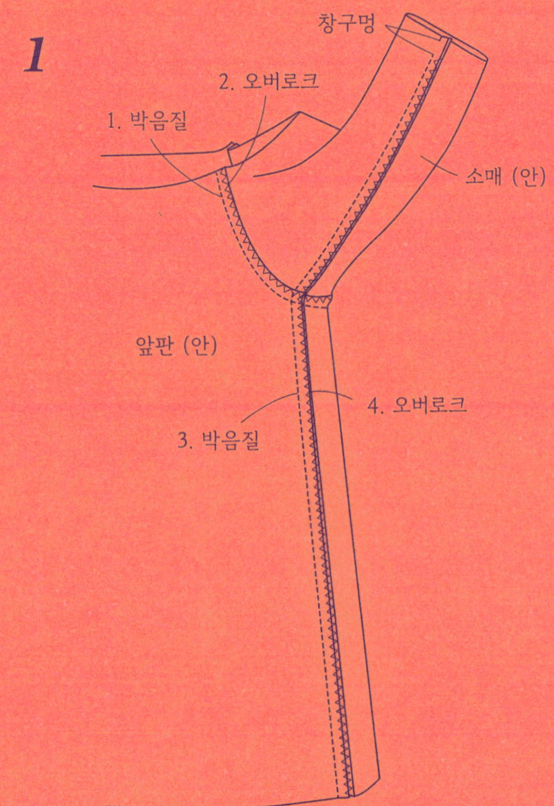

2

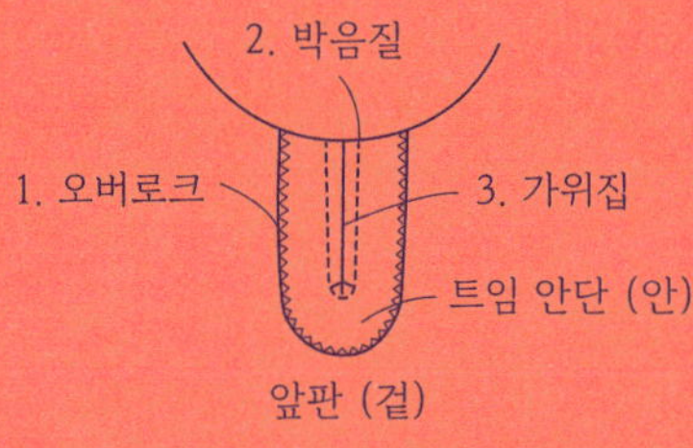

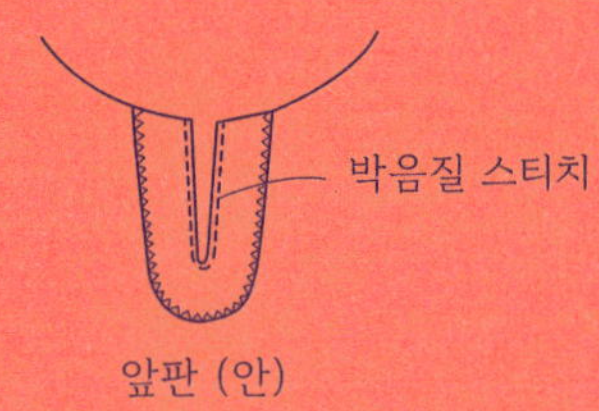

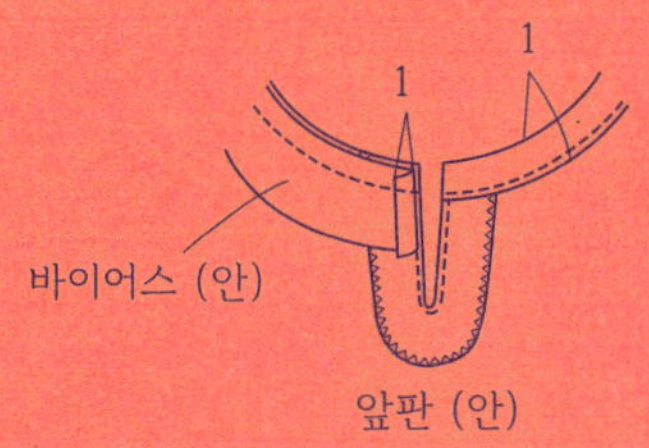

목둘레를 바이어스 처리하세요.

원피스 겉감 위에 오버로크 처리한 안단을
대고 박음질한 후 가위집을 넣으세요.

안단을 뒤로 넘겨 다림질한 다음
박음질 스티치하세요.

5

리본이 통과할 구멍

3

고무줄

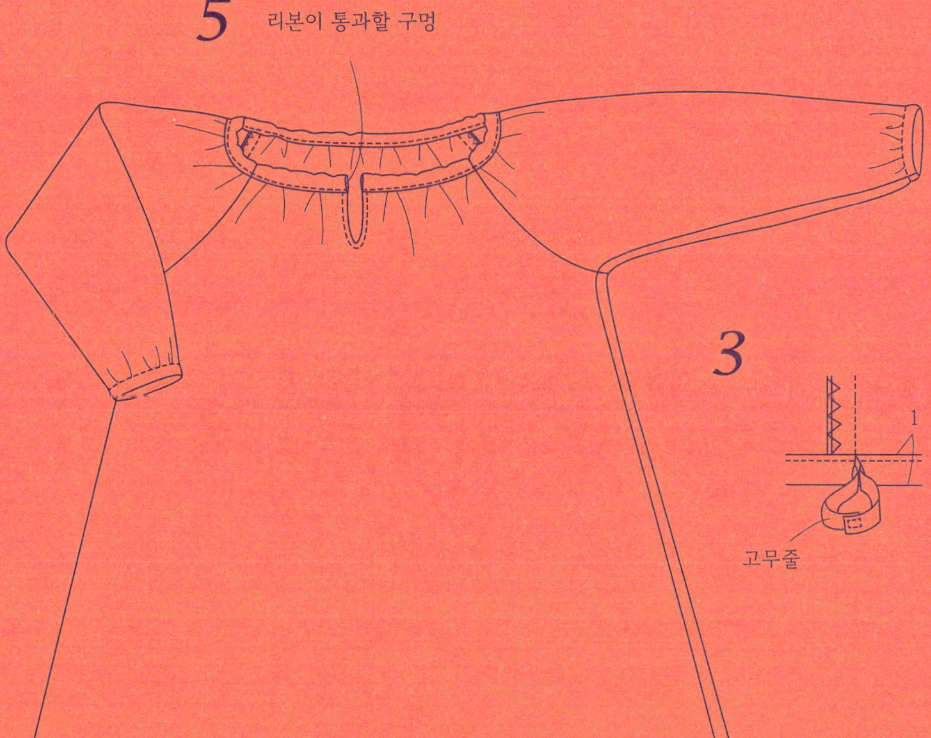

4

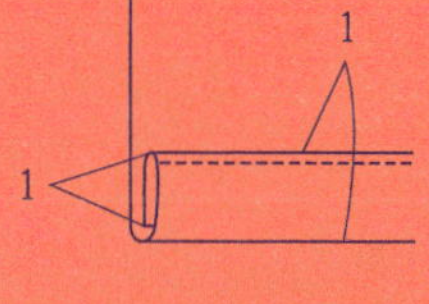

곰 인형

(패턴 3 – 초록색)

준비물

무지 리넨 76 x 40cm
꽃무늬 천 20 x 20cm
인형 눈 1쌍, 나무단추 4개,
PP 알갱이 적당량

Tip

원단 안쪽에 그림과 같은 형태로
패턴을 놓고 그린 후 재단하세요.
본 패턴에는 시접 0.7cm가 포함되어
있습니다. 재단선에서 0.7cm 들어간
지점에서 바느질하세요.

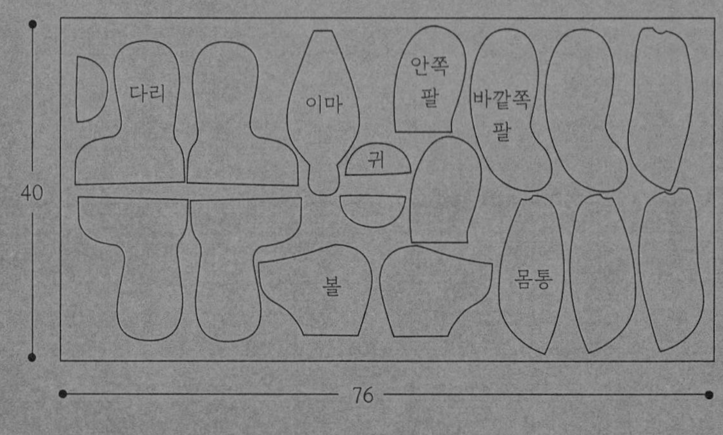

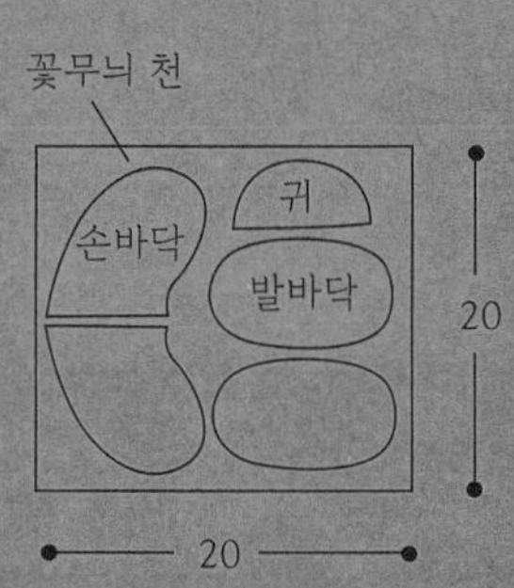

1

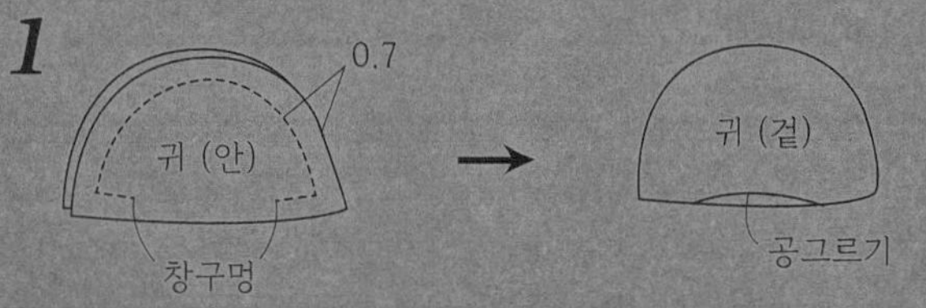

귀 부분 원단 두 장을 겉끼리 맞대고
박음질한 후 뒤집어 공그르기하세요.

2

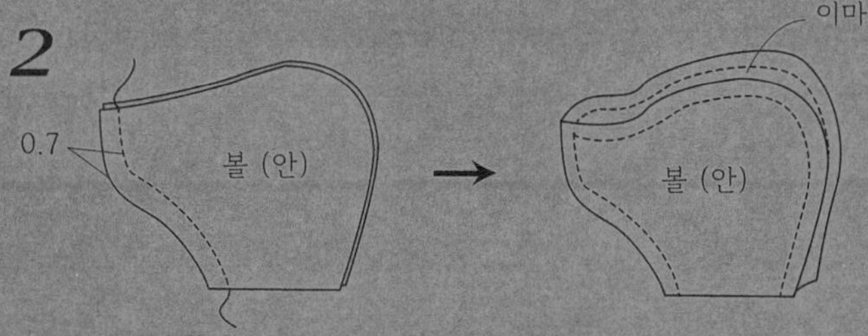

볼 부분 원단 두 장을 겉끼리 맞대고
코에서 목까지 박음질한 다음, 볼 천과
이마 천을 겉끼리 맞대고 연결하세요.

3

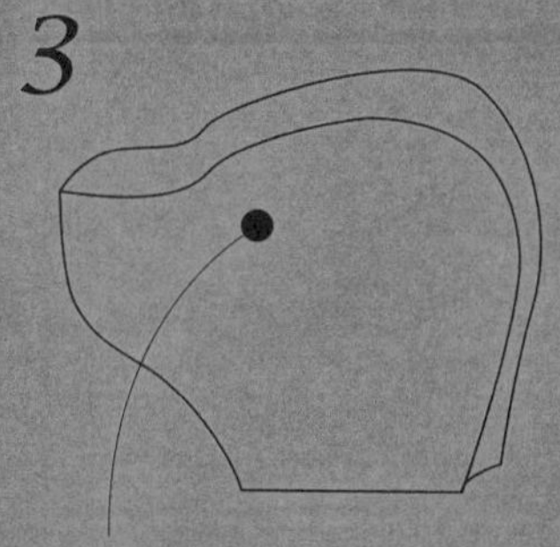

천을 뒤집은 다음 송곳이나
뾰족한 도구를 이용해 눈 위치에
구멍을 뚫고 볼트 부분을 밀어 넣은 후
안쪽에서 조인트로 고정하세요.

4

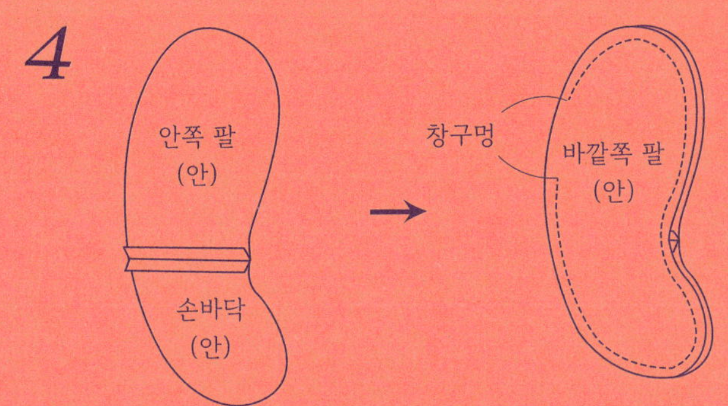

안쪽 팔과 바깥쪽 팔을
겉끼리 맞대고 박음질한 뒤,
천을 뒤집어 솜을 채우고
창구멍을 공그르기로 마무리하세요.

5

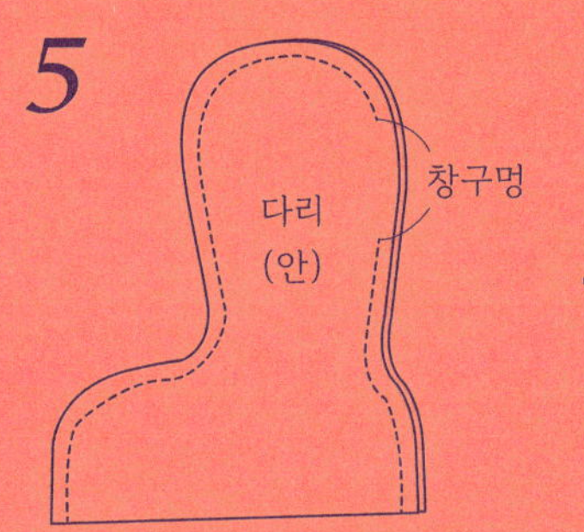

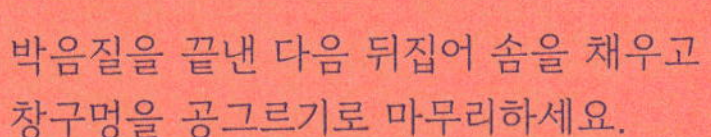

다리 부분 원단 두 장을 겉이 마주 보게 포개놓고
박음질한 후 발바닥 천을 연결하세요.

박음질을 끝낸 다음 뒤집어 솜을 채우고
창구멍을 공그르기로 마무리하세요.

6

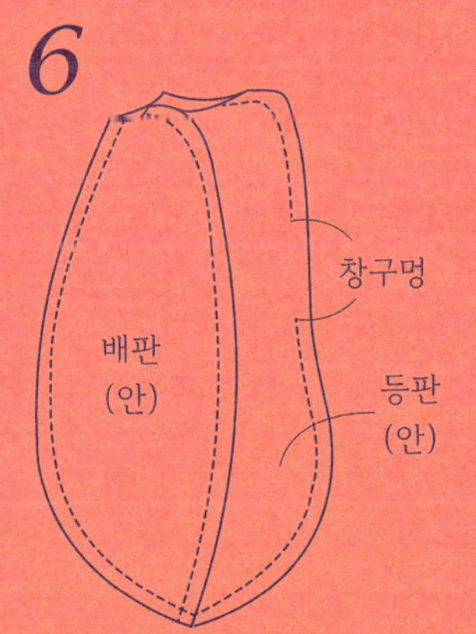

배판과 등판 원단을 먼저 각각
중심선끼리 맞대고 박음질한 다음
옆선을 연결하세요(창구멍 제외).

7

귀는 대칭이 되도록 위치를 잘 잡은 다음 감침질로 부착하세요.

머리와 몸통을
솜으로 단단히 채운 후
공그르기로 연결하세요.

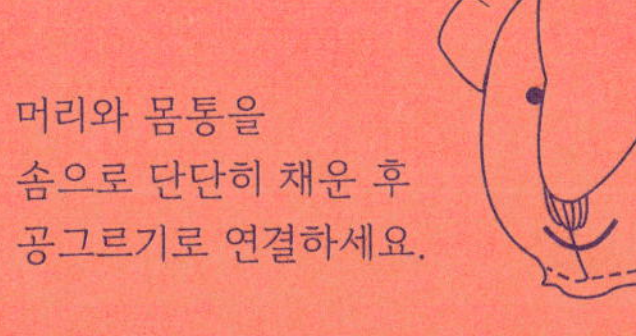

솜이 빠져나오지 않으로
목 시접 부위를 큰 땀으로
시침질하여 실을 살짝 잡아당겨
조인 다음 매듭지으세요.

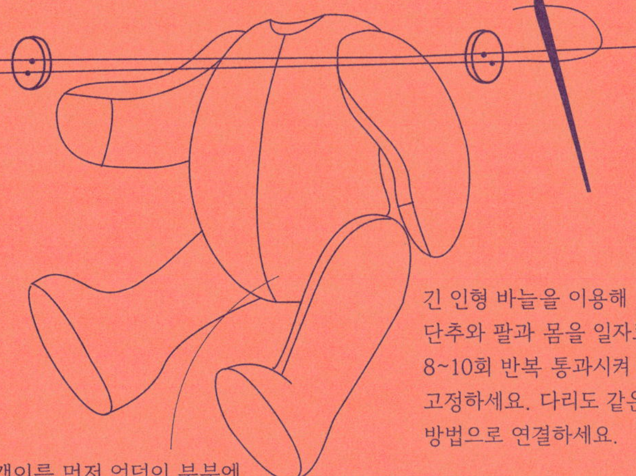

긴 인형 바늘을 이용해
단추와 팔과 몸을 일자로
8~10회 반복 통과시켜 단단히
고정하세요. 다리도 같은
방법으로 연결하세요.

PP 알갱이를 먼저 엉덩이 부분에
넣고 나서 솜을 채우세요.

8

코와 입 부분을 수놓으세요.

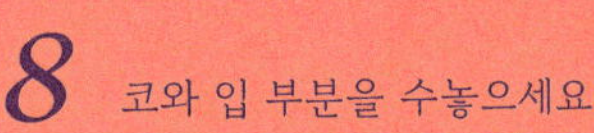
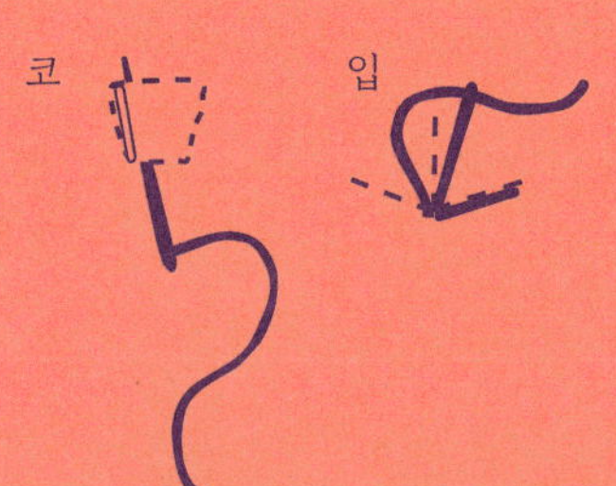

쇼트 팬츠

2, 4, 6세 (패턴 2 – 초록색)

준비물

무지 리넨 108 x 35cm

주머니용 바이어스 5 x 14cm

지름 20mm 단추 2개

Tip

시작하기 전 바지 윗단과 밑단 시접을 접고
다려놓으면 깔끔하게 완성할 수 있어요.

만들기

1. 주머니를 오버로크 처리한 다음 윗단을
바이어스로 감싸고 나머지 시접을 모두
안으로 접어 다림질하세요.
2. 주머니를 바지 뒤판에 얹고 제 위치에
시침핀으로 고정한 다음 박음질로 부착하세요.
3. 앞뒤 원단을 겉끼리 맞대고 옆선과
중심선을 박음질한 다음 오버로크 처리하세요.
4. 바지를 겉끼리 마주 보게 포갠 후
밑위를 박음질하고 오버로크 처리하세요.
5. 바지 허릿단 시접을 접어 박음질한 후
고무줄을 넣어 마무리하세요.
6. 바지 밑단 시접을 안으로 접어 박음질하세요.

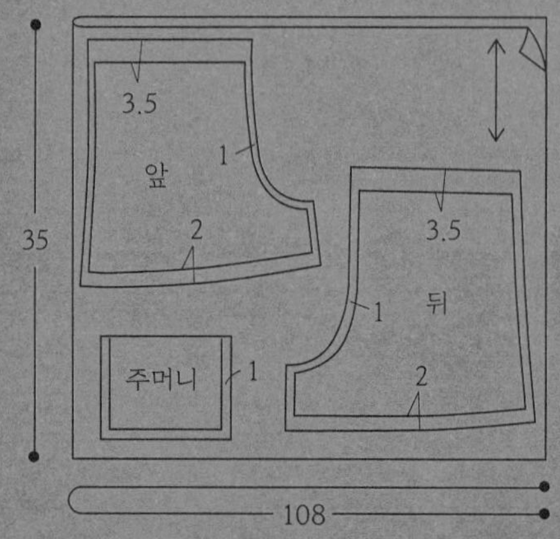

1

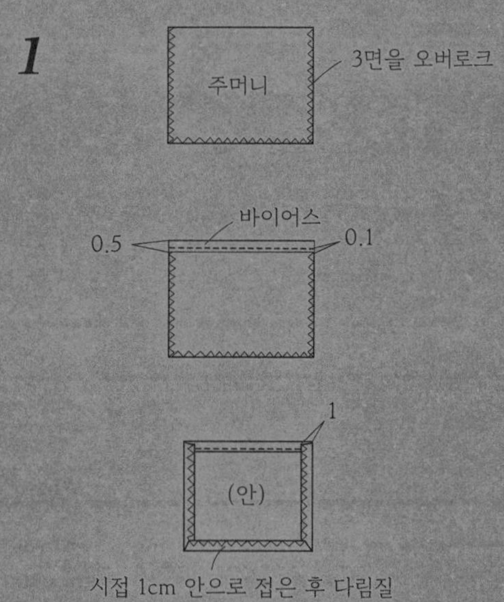

2

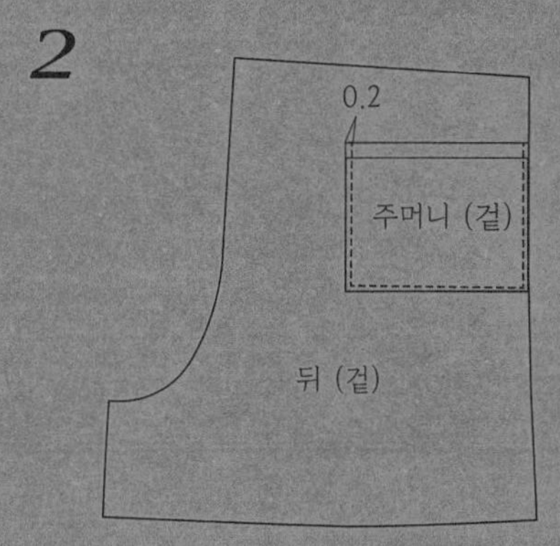

3

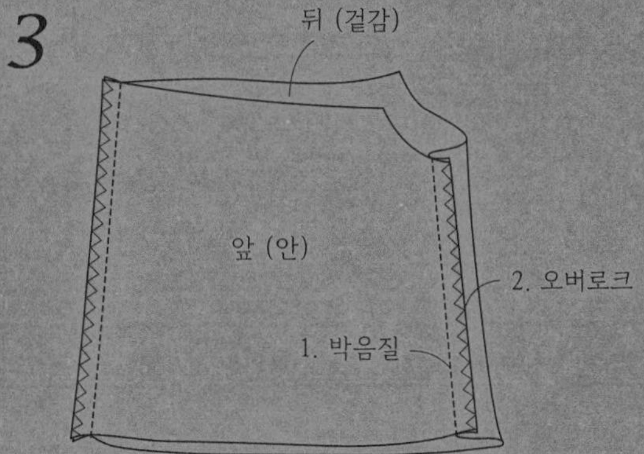

4

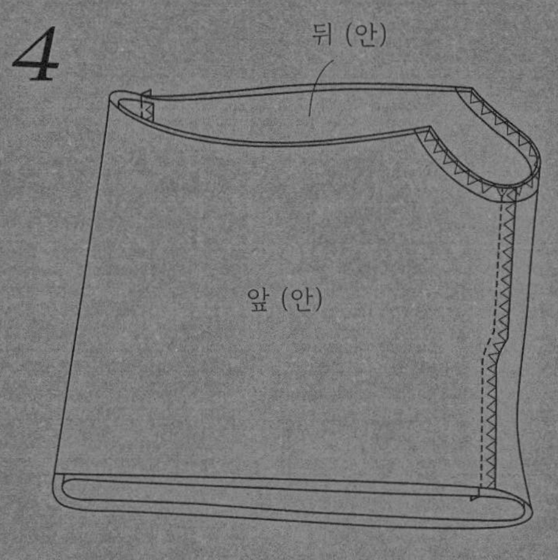

5

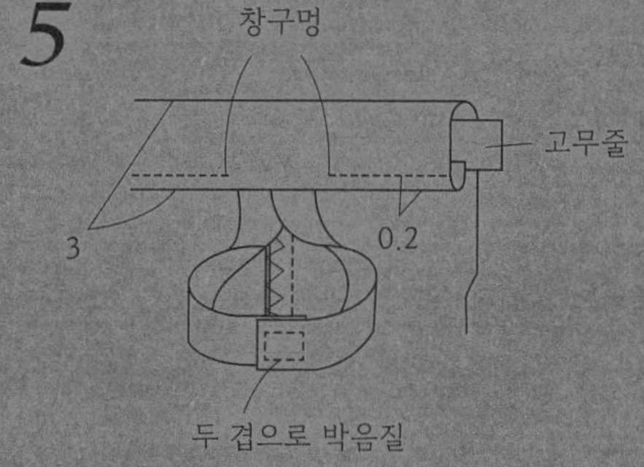

6

파자마

2, 4, 6세(패턴 3 – 분홍색)

준비물

40수 코튼 110 x 80cm
폭 10mm 고무줄 적당량
납작 면끈 적당량
접착심지

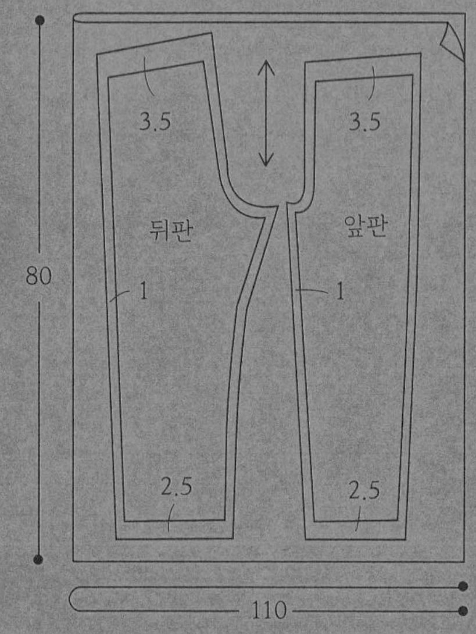

1 끈이 나올 구멍 부위에 접착 심지를 붙이고
가위나 뾰족한 도구로 길게 홈을 내주세요.

양쪽 다리 부분 원단의 앞판과
뒤판을 각각 겉끼리 맞대고
박음질한 다음 오버로크 처리하세요.

2

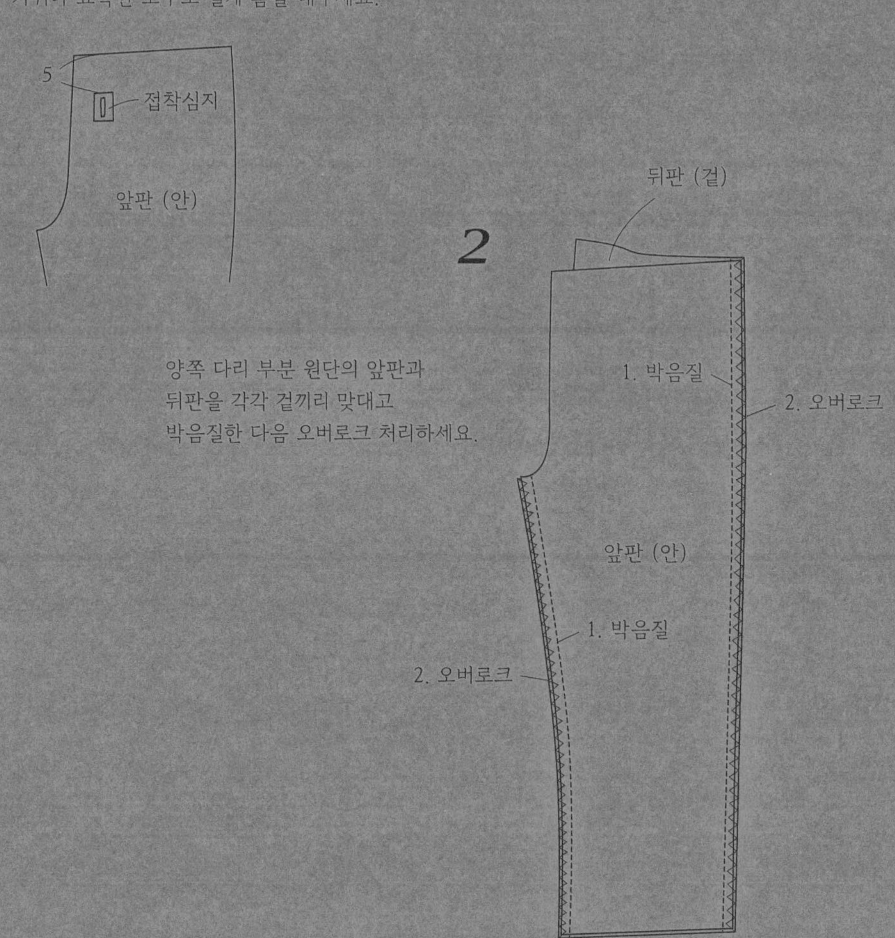

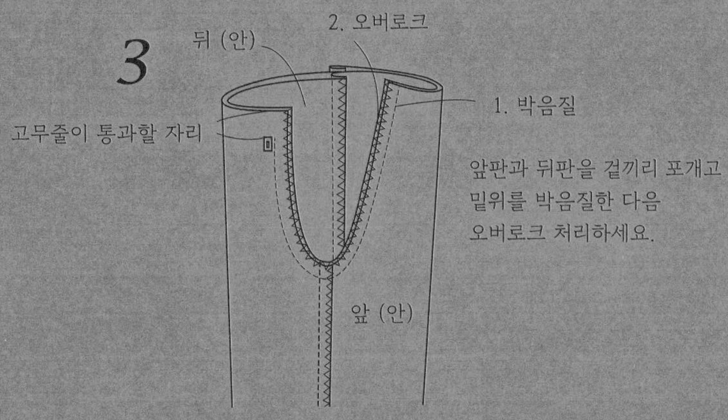

앞판과 뒤판을 겉끼리 포개고
밑위를 박음질한 다음
오버로크 처리하세요.

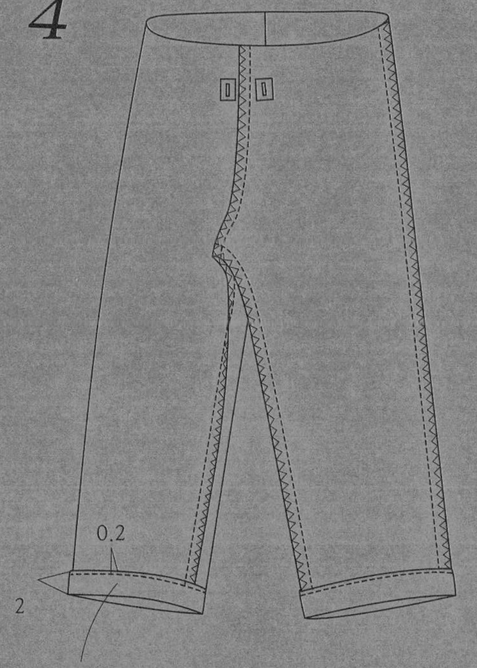

밑단을 0.5cm 접고
다시 2cm 접어 박음질하세요.

허릿단을 안으로 0.5cm 접고
다시 3cm 접어 박음질하세요.
고무 줄과 면끈을 통과시키면 완성입니다.

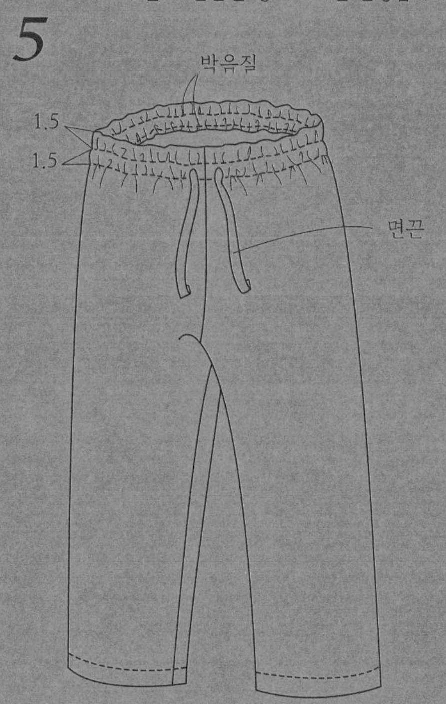

보이 셔츠

2, 4, 6세(패턴 4 – 주황색)

준비물

40수 코튼 120 x115cm

접착심지 50 x 50cm

지름 10mm 단추 5개

Tip

칼라와 칼라 밴드, 중심 단춧단에
접착심지를 대면 형태감이 잘 살아나요.

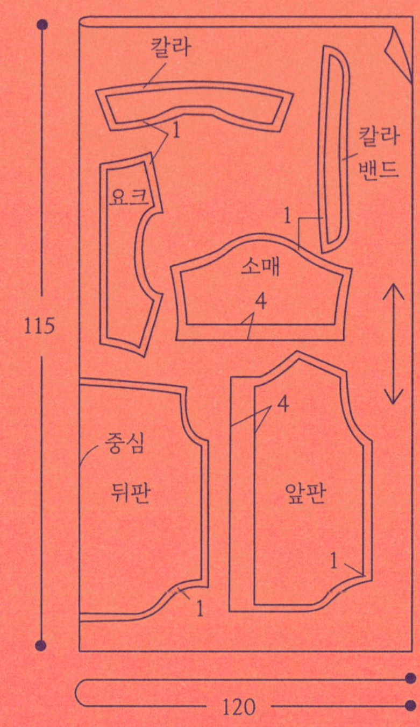

1

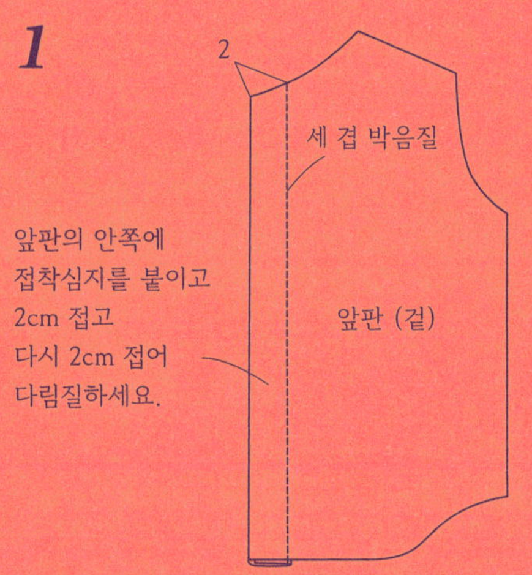

앞판의 안쪽에
접착심지를 붙이고
2cm 접고
다시 2cm 접어
다림질하세요.

2

뒤판의 중심선을
주름 잡아서 다림질하세요.

3

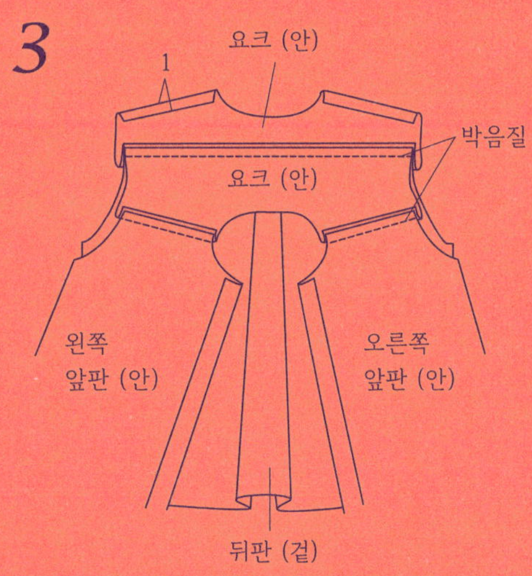

앞판과 뒤판을 요크판으로 연결하세요.

4

요크판의 겉감과 안감을 박음질로 연결하세요.

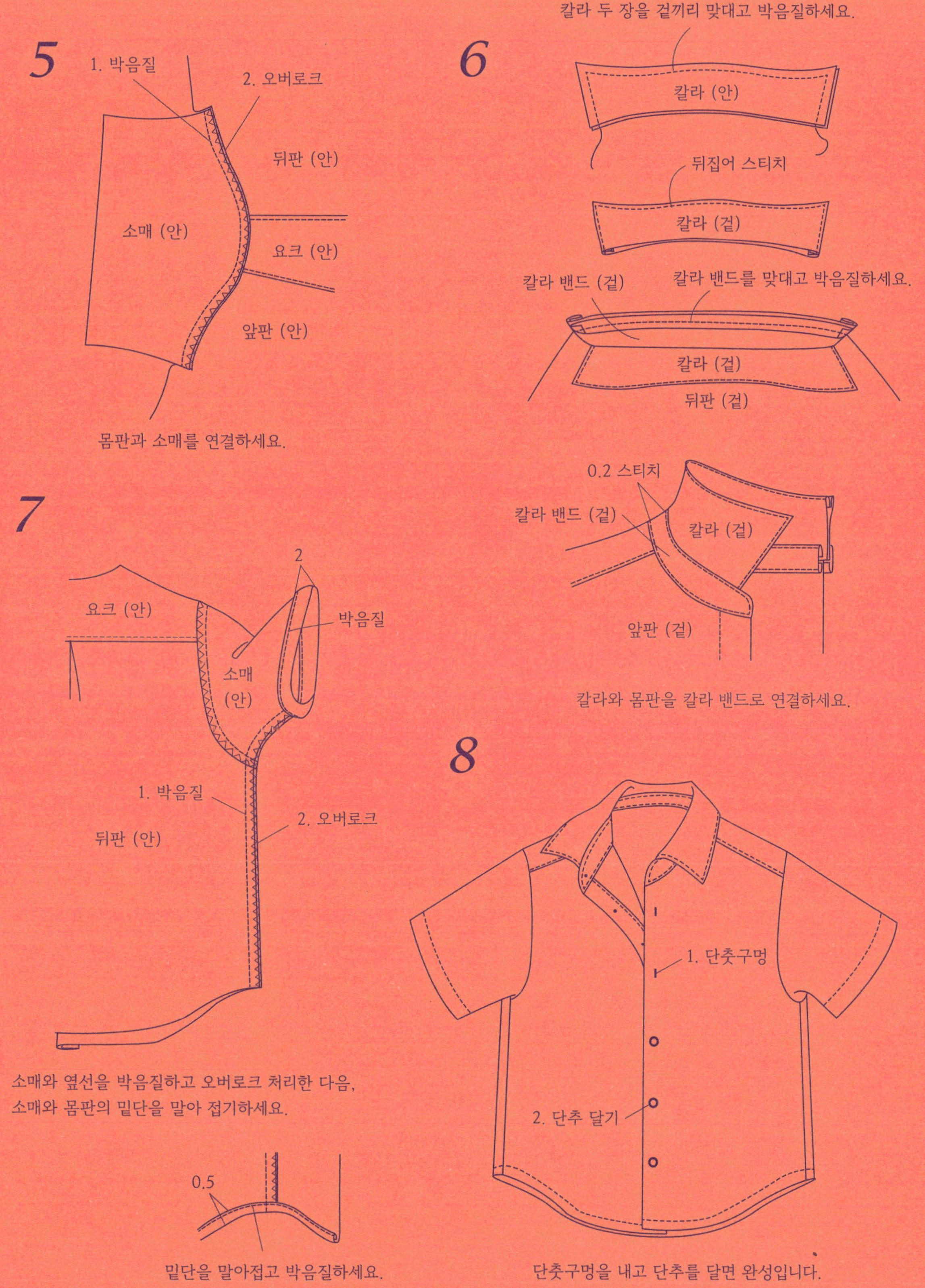

5
1. 박음질
2. 오버로크
뒤판 (안)
소매 (안)
요크 (안)
앞판 (안)
몸판과 소매를 연결하세요.

6
칼라 두 장을 겉끼리 맞대고 박음질하세요.
칼라 (안)
뒤집어 스티치
칼라 (겉)
칼라 밴드 (겉)
칼라 밴드를 맞대고 박음질하세요.
칼라 (겉)
뒤판 (겉)
0.2 스티치
칼라 밴드 (겉)
칼라 (겉)
앞판 (겉)
칼라와 몸판을 칼라 밴드로 연결하세요.

7
요크 (안)
2
박음질
소매 (안)
1. 박음질
2. 오버로크
뒤판 (안)
소매와 옆선을 박음질하고 오버로크 처리한 다음,
소매와 몸판의 밑단을 말아 접기하세요.
0.5
밑단을 말아접고 박음질하세요.

8
1. 단춧구멍
2. 단추 달기
단춧구멍을 내고 단추를 달면 완성입니다.

보이 팬츠

2, 4, 6세(패턴 4 – 노란색)

준비물

무지 리넨 114 x 95cm

폭 2cm 고무줄 적당량

Tip

시작하기 전 바지 윗단과 밑단의 시접을 접고
다려놓으면 깔끔하게 완성할 수 있어요.

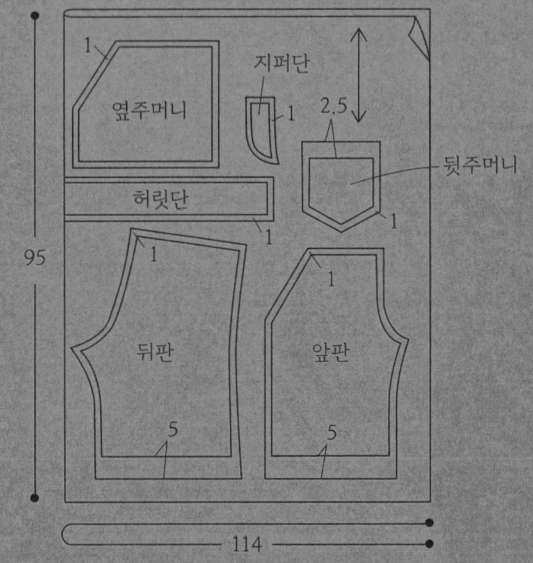

1

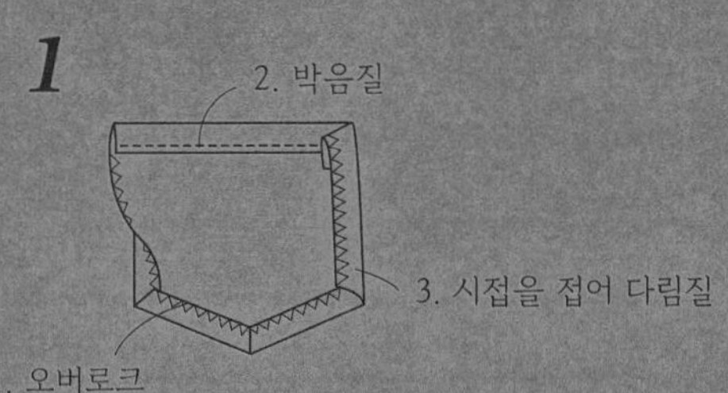

주머니를 오버로크 처리한 다음,
윗단을 접어 박음질하고 나머지 시접은
안으로 접어 다림질하세요.

2

앞판과 옆주머니를
안쪽끼리 맞대고 박음질하세요.

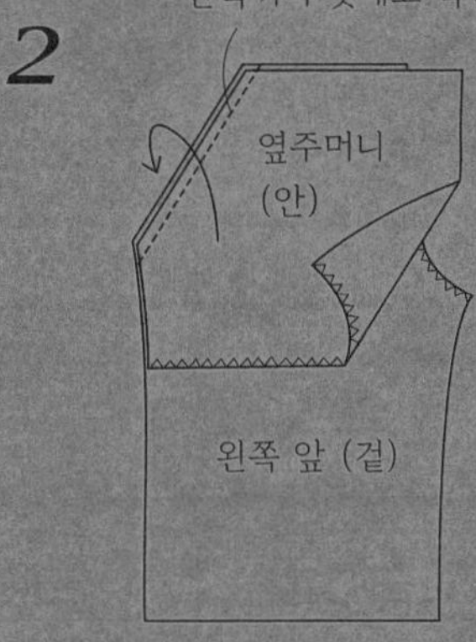

앞뒤 원단을 겉끼리
맞댄 후 옆선과 중심선을
박음질하고 오버로크 처리하세요.

3

주머니를 뒤로 넘겨 박음질하세요.

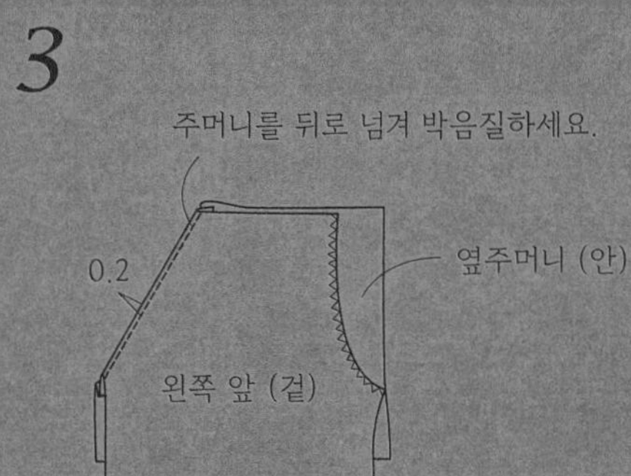

4

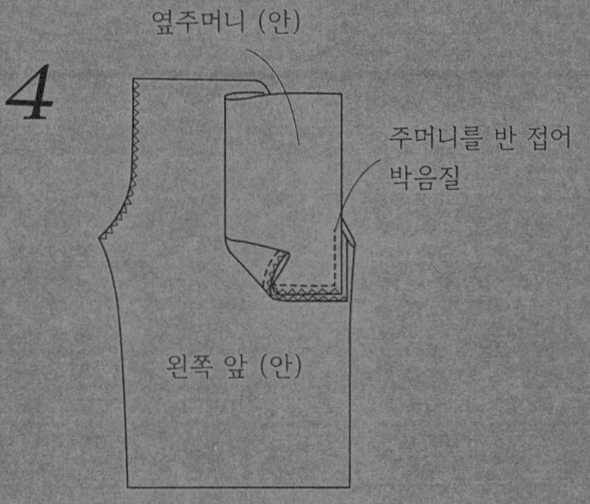

바지를 겉끼리 마주 보게 포갠 후
밑위를 박음질하고 오버로크 처리하세요.

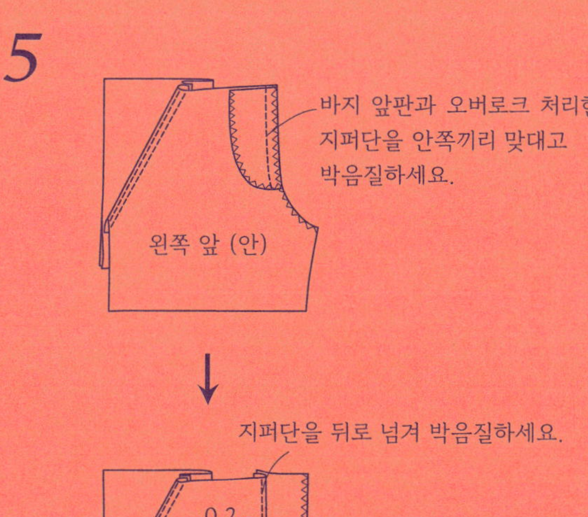

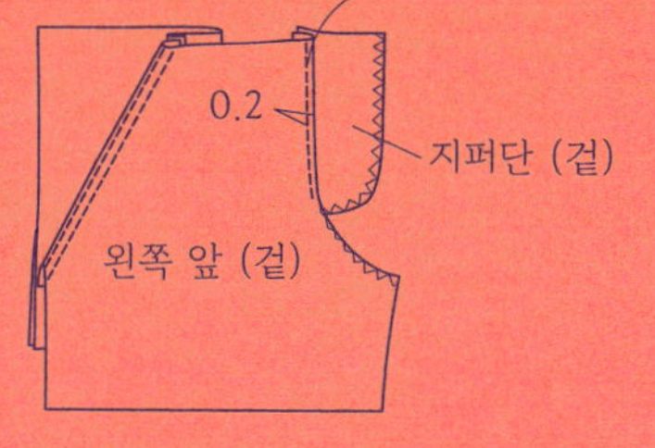

다른쪽도 같은 방법으로 작업하면 됩니다.

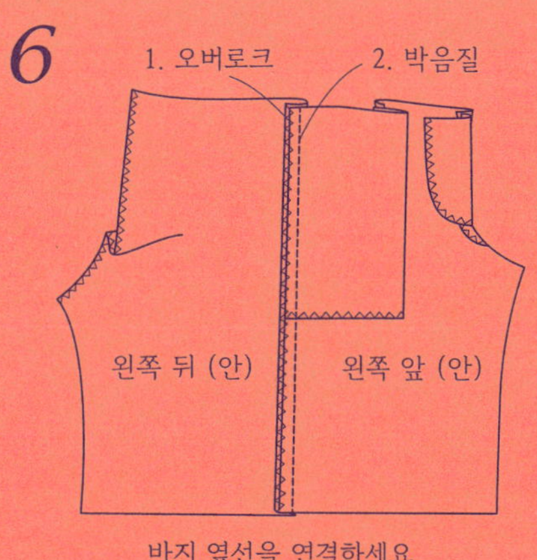

바지 옆선을 연결하세요.

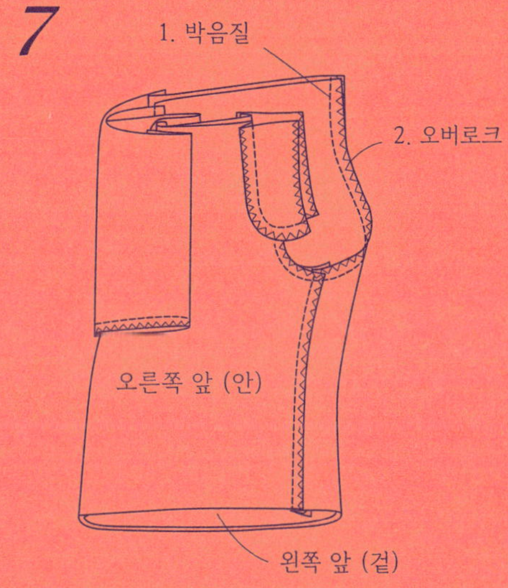

바지 밑위와 중심을 연결하세요.

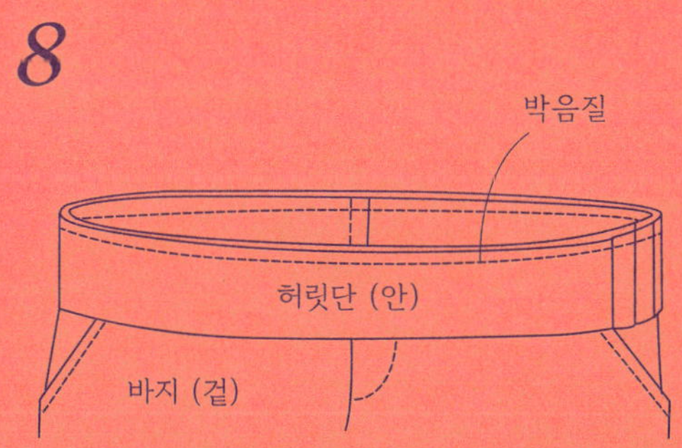

바지 윗단과 허릿단을 겉끼리 맞대고 빙 둘러 박음질하세요.

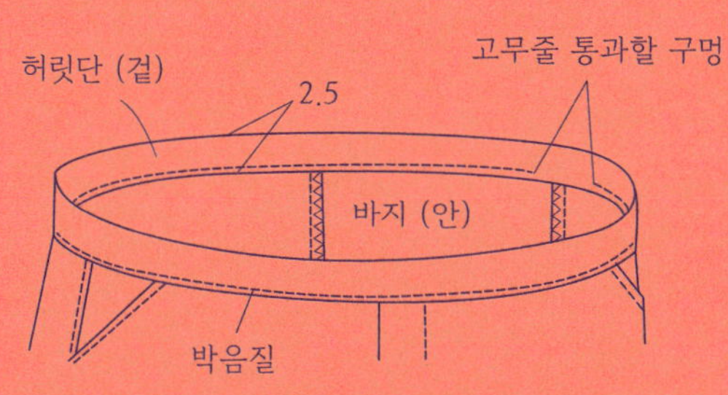

허릿단을 반 접고 안으로 넘겨 박음질하면 완성입니다.

보이 모자

4~6세 (패턴 2 – 노란색)

준비물
겉감용 리넨 60 x 45cm
안감용 코튼 60 x 45cm

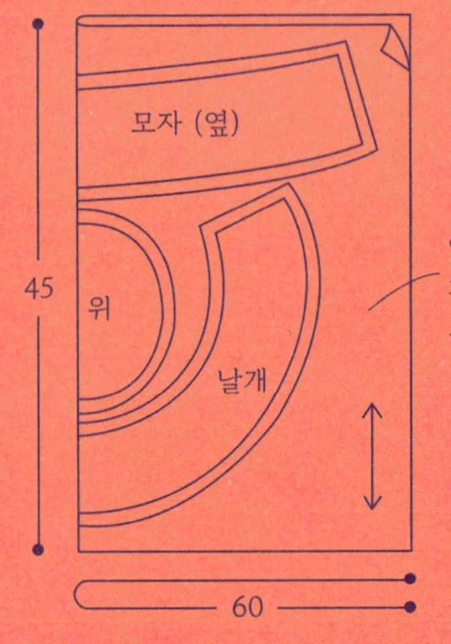

1

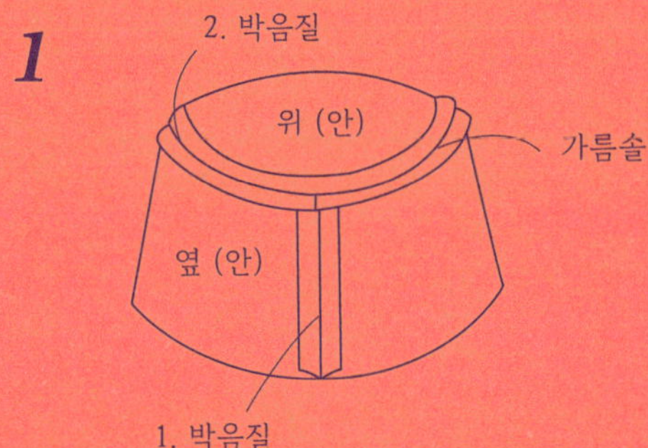

먼저 모자 옆 부분을 연결하고 나서 윗부분을 얹고
형태를 따라 빙 둘러 박음질한 다음 가름솔 처리하세요.

2

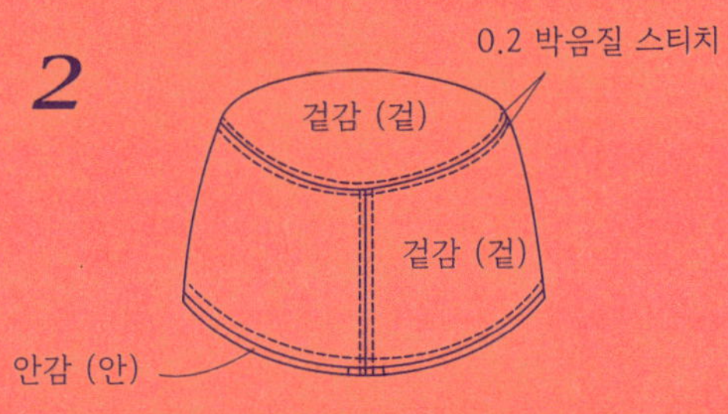

모자의 겉감과 안감을 안쪽끼리 포개놓고
시접선 양 옆을 박음질 스티치하세요.

3

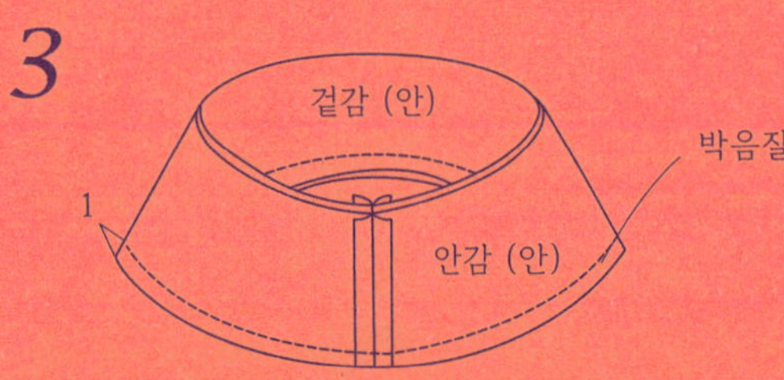

날개의 안감과 겉감의 끝을 각각 연결한 후 가름솔
처리하고 겉끼리 포갠 다음 박음질하세요.

4

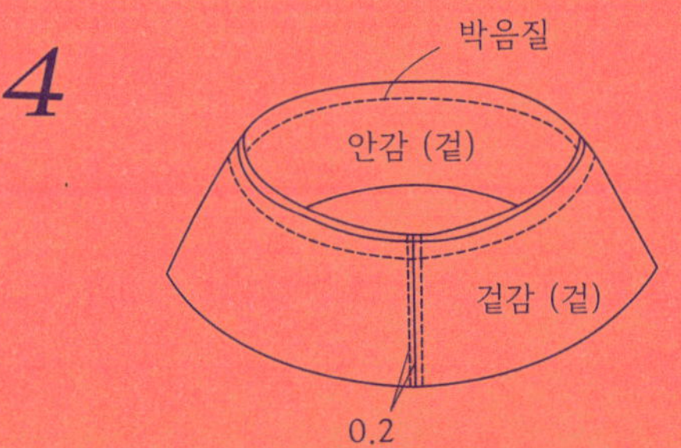

날개를 겉감이 보이도록 뒤집은 다음
박음질로 마무리하세요.

5

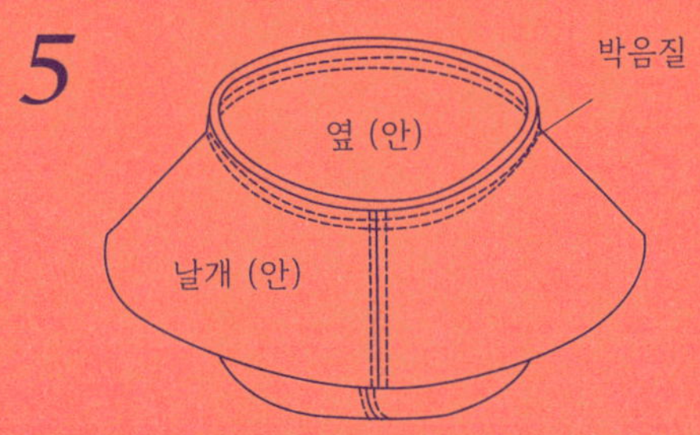

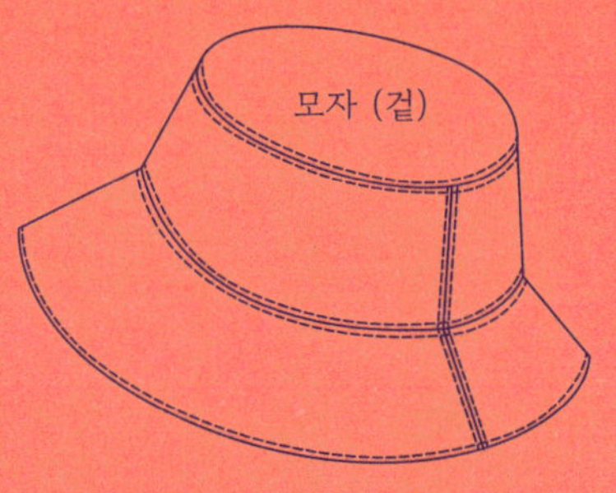

모자와 날개를 겉감끼리 맞대고
박음질로 연결하면 완성입니다.

반소매 블라우스

4, 6세 (패턴 4 – 보라색)

준비물

40수 코튼 110 x 105cm

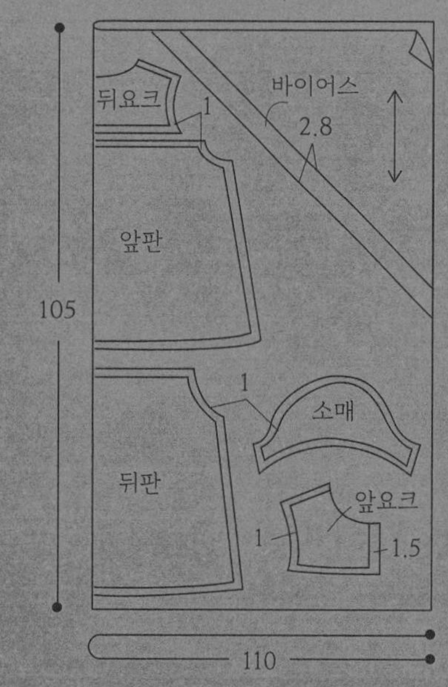

1

앞 요크 두 장을 겉끼리
맞대고 박음질하세요.

앞트임 부분을
안쪽으로 말아 접고
박음질하세요.

2

앞 요크와 뒤 요크를
겉끼리 맞대고 넌셜한 나음,
목둘레를 바이어스 처리하세요.

3

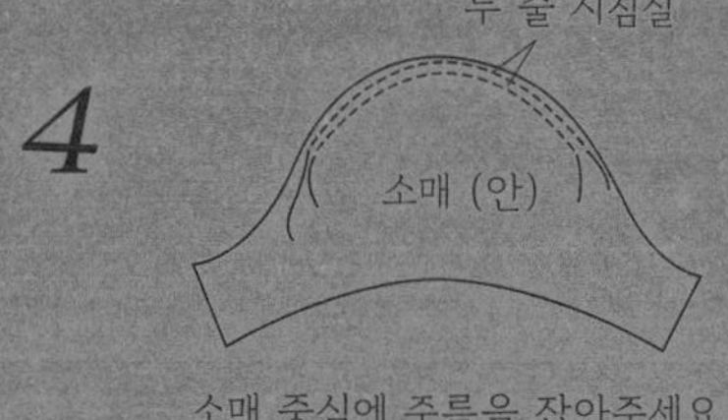

요크판과 몸판을 겉끼리
맞대고 연결하세요.

4

소매 중심에 주름을 잡아주세요.

5

소매를 겉이 마주 보게 반 접어
옆선을 연결하세요.

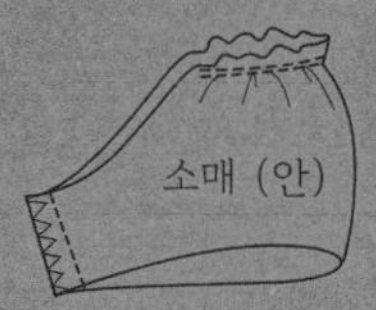

소매 밑단을 오버로크 처리하고
안으로 1cm 접어
박음질하세요.

6

소매와 몸판 옆선을 연결하고
밑단을 말아 접기하면 완성입니다.

롱 팬츠

2, 4, 6세(패턴 4 - 하늘색)

준비물

무지 리넨 106 x 90cm
폭 2cm 고무줄 적당량

만들기

1. 주머니를 빙 둘러 오버로크 처리하세요.
윗부분을 안으로 1cm 접고 다시 2cm 접어
다림질한 후 박음질하고, 나머지 시접은
안으로 접어 다림질하세요.
2. 바지 뒤판에 표시된 위치에 주머니를
시침핀으로 고정하고 박음질하세요.
3. 바지 밑단 시접을 분량대로 접어 다림질하세요.
4. 바지 앞판과 뒤판을 각각 겉끼리 맞댄 다음
박음질하고 오버로크 처리하세요.
이어서 바지 한쪽을 뒤집어 겉끼리 포갠 후
밑위를 박음질하고 오버로크 처리하세요.
5. 허릿단을 안으로 접어 박음질하세요.
6. 터널로 고무줄을 넣어 연결하세요.
7. 밑단을 박음질로 마무리하면 완성입니다.

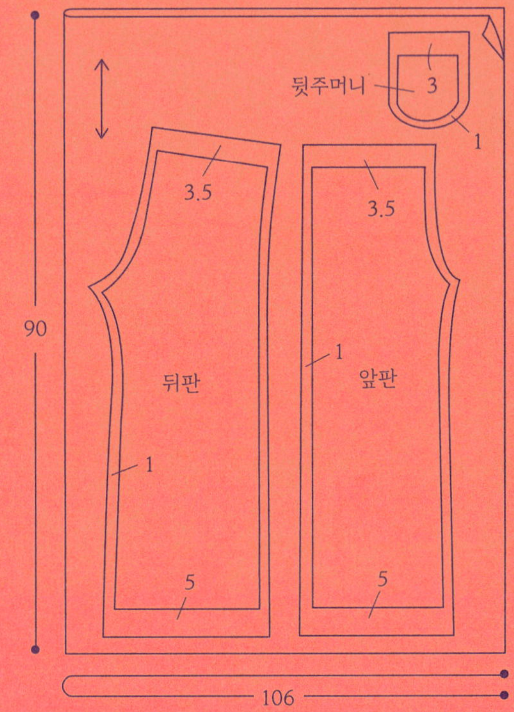

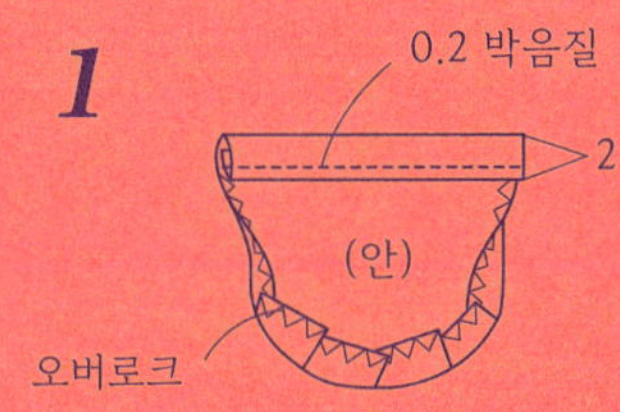

시접을 안으로 접어 다림질

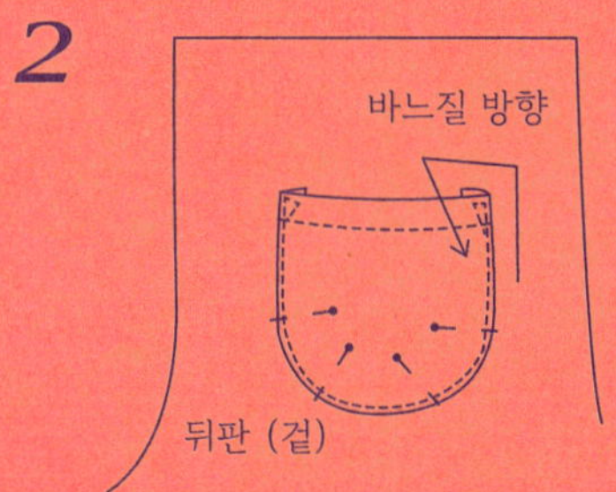

시침핀으로 고정한 다음 박음질

3

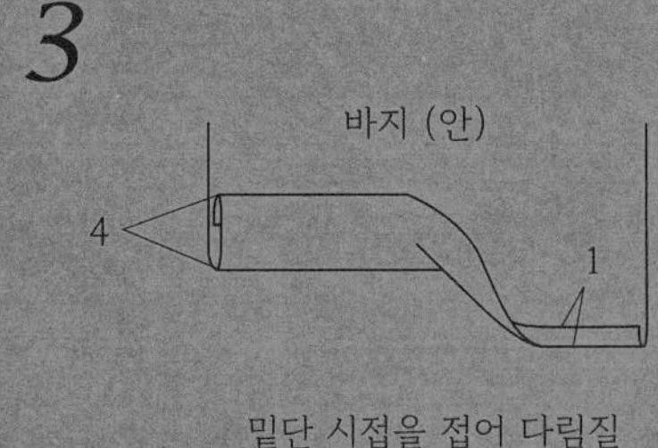

밑단 시접을 접어 다림질

4

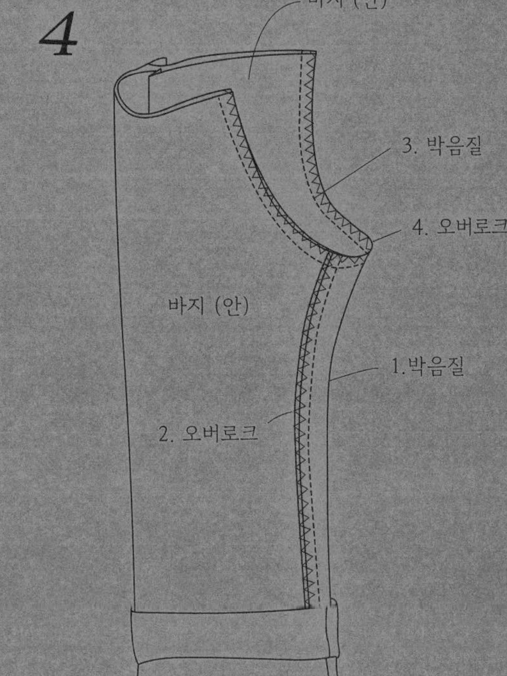

5

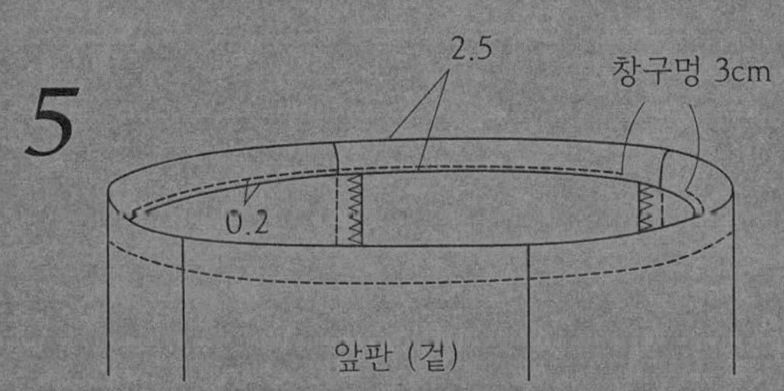

6

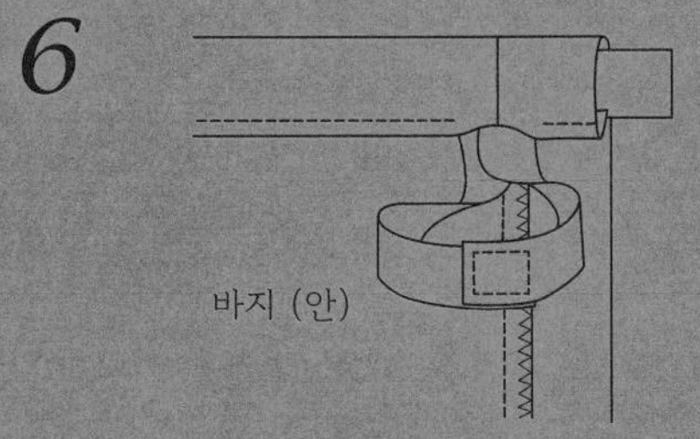

7

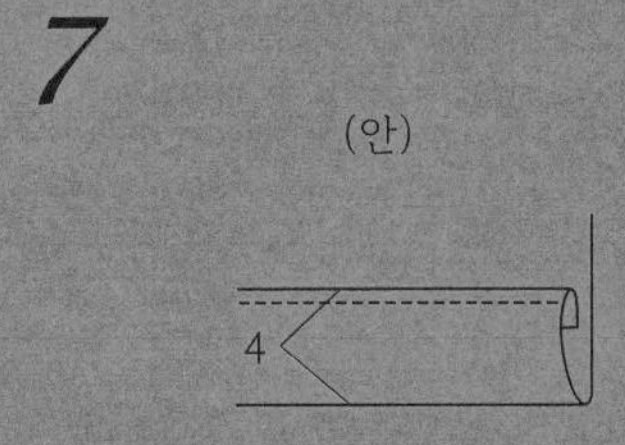

튤립 모자

4~6세 (패턴 1 – 파란색)

준비물

겉감 100 x 30cm

안감 100 x 30cm

폭 5mm 끈 70cm

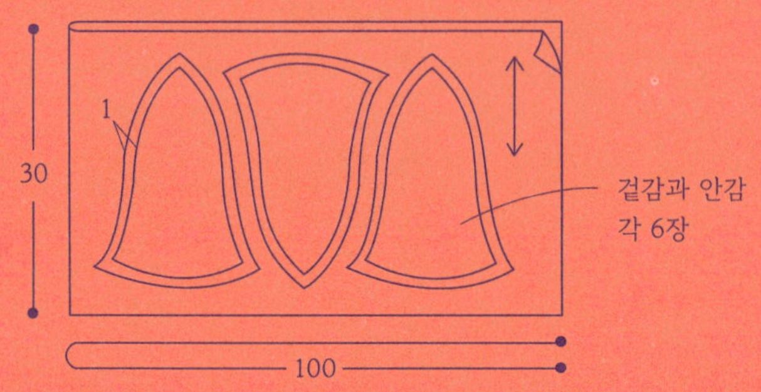

1

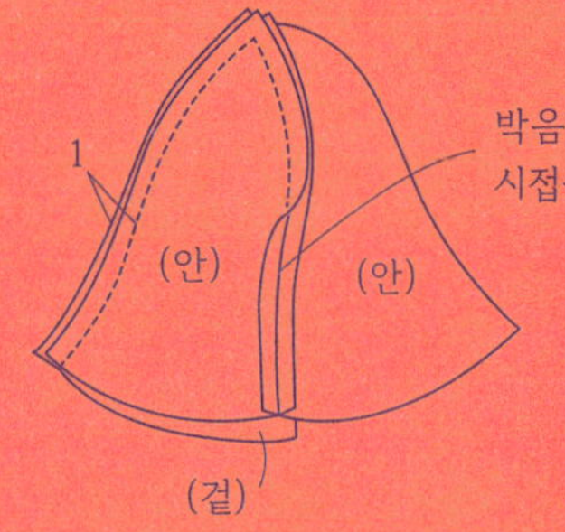

박음질한 다음, 다림질로
시접을 가르세요.

겉감용 원단을 겉끼리 맞대고
박음질하여 세 장을 연결하세요.

2 세 장씩 연결해놓은 겉감 두 개를
겉끼리 맞대고 박음질한 다음,
시접을 가르세요.

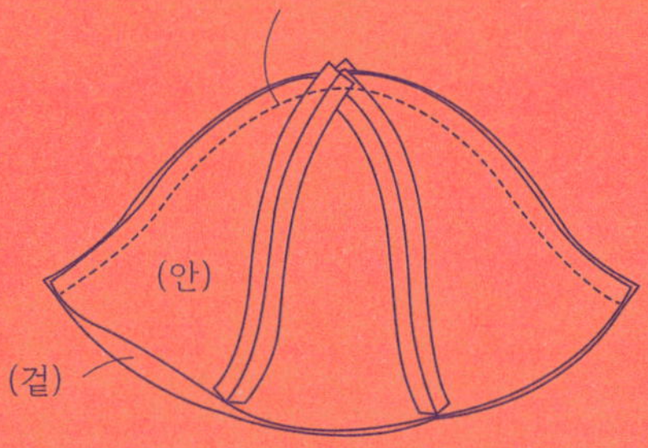

3 뒤집어 시접선 중심으로 양쪽 모두 덧박음질하세요.

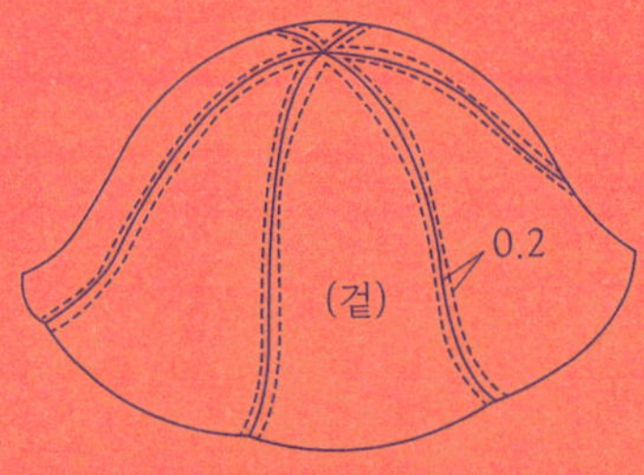

안감도 겉감과 같은 방법으로
작업하면 됩니다.

4 겉감과 안감을 겉끼리 맞대고
끝단을 박음질하세요(창구멍 제외).

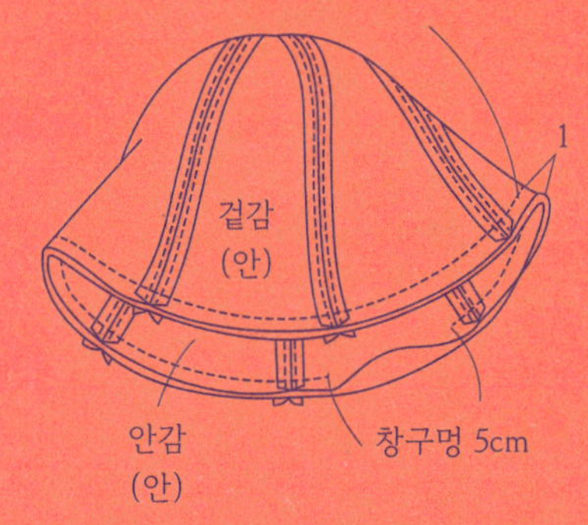

5

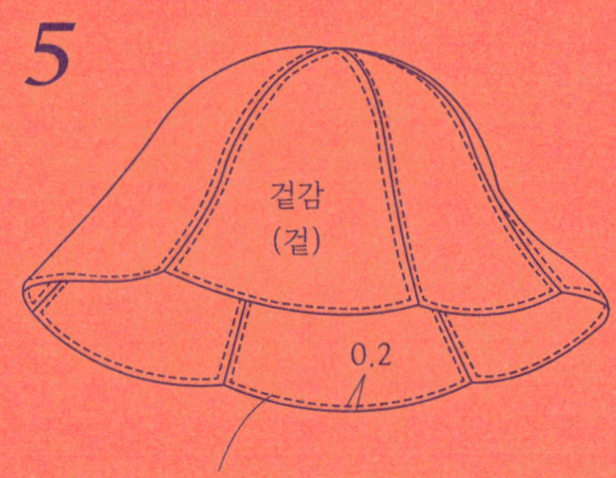

창구멍으로 뒤집어 겉쪽을 덧박음질하세요.

토들러 턱받이

2~6세(패턴 3 - 분홍색)

준비물

앞면용 리넨 40 x 43cm
뒷면용 코튼 40 x 43cm
폭 4cm 바이어스 190cm

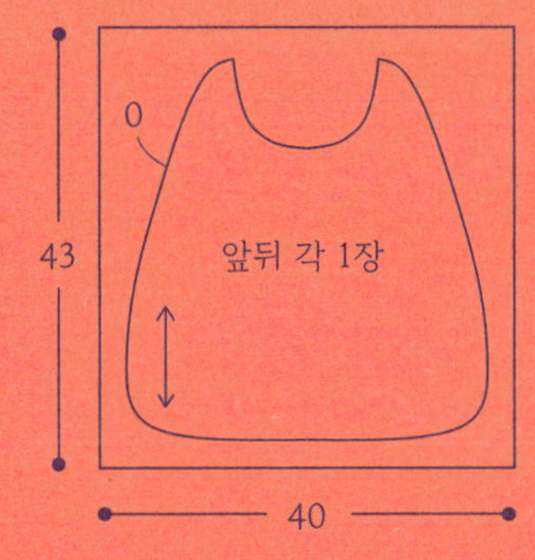

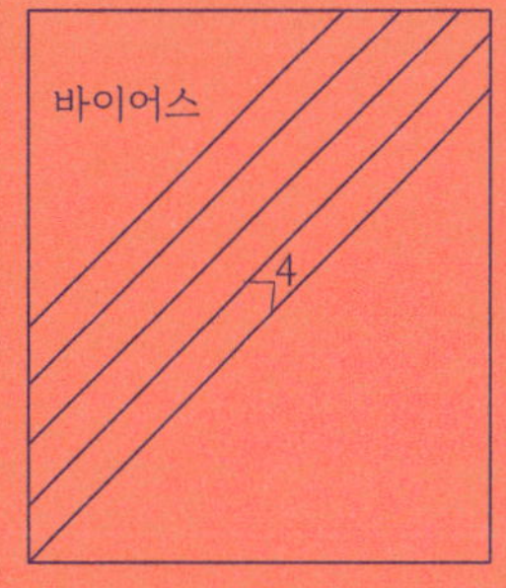

1

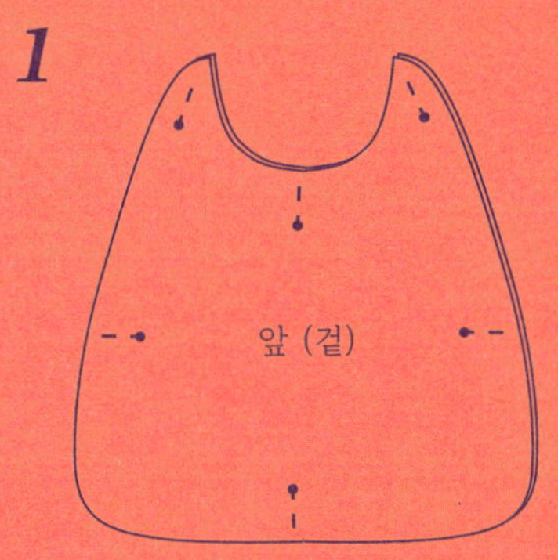

턱받이 앞면과 뒷면을 안쪽끼리 맞대고
천이 밀리지 않도록 시침핀으로 고정하세요.

2

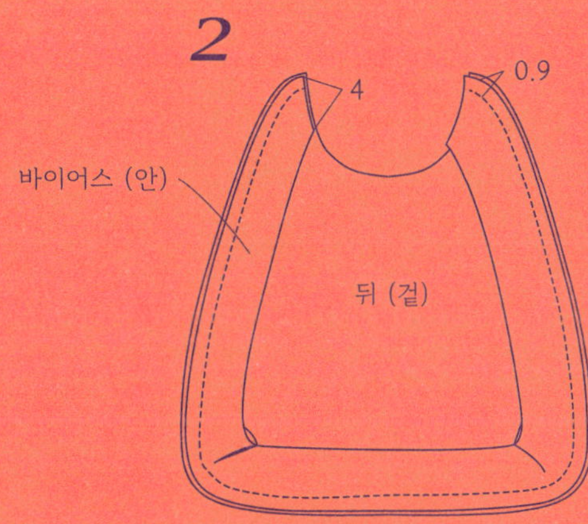

턱받이 뒷면에 바이어스 겉면을 대고
빙 둘러 박음질한 다음, 앞쪽으로 넘겨
말아 접고 박음질로 마무리하세요.

3

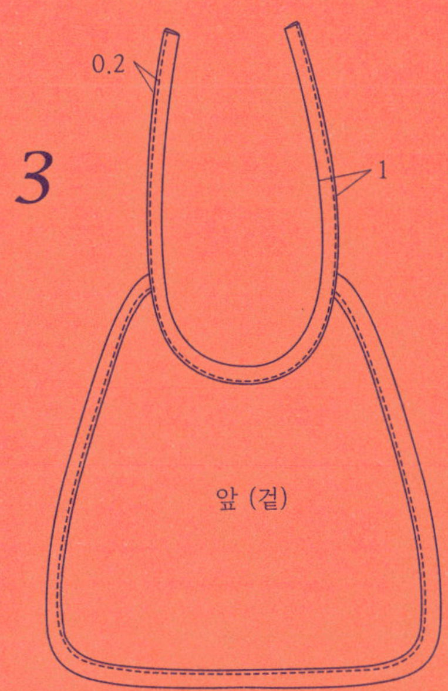

90cm 길이로 자른
바이어스 끈을 목둘레에
연결해주세요.

러플 소매 원피스

2, 4, 6세(패턴 4 – 분홍색)

준비물

40수 코튼 110 x 170cm

지름 10mm 단추 1개

만들기

1. 앞뒤 요크와 안단의 어깨를 각각 박고
시접을 가른 후 안단의 가장자리를
오버로크 처리하세요.

2. 단추 끈을 만들어 제 위치에 넣고
요크와 안단을 박음질로 연결하세요.

3. 겉감이 보이게 뒤집어 덧박음질하세요.

4. 치마 앞판과 뒤판의 옆선을 각각
오버로크 처리한 다음 박음질로 연결하세요.
이어서 주름을 잡은 치마와 요크를 박음질로
연결하고 나서 오버로크 처리하세요.

5. 주름을 잡은 소매에 바이어스를 맞대고
몸통과 연결하세요.

6. 스커트 밑단을 말아박기하세요.

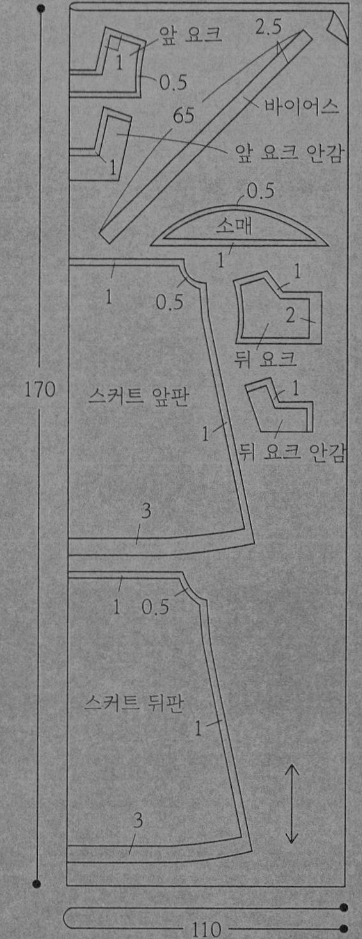

1, 2

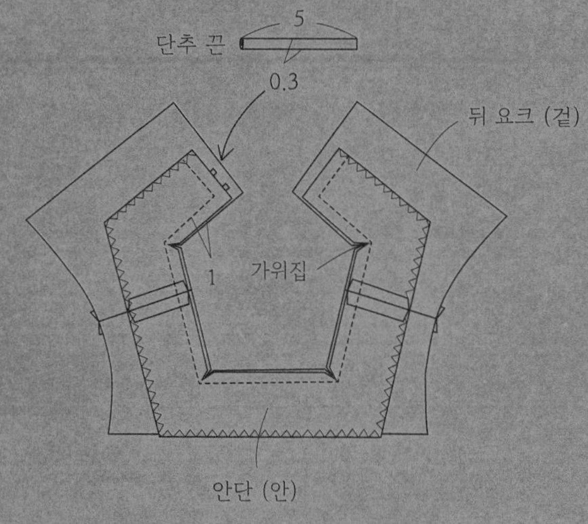

3

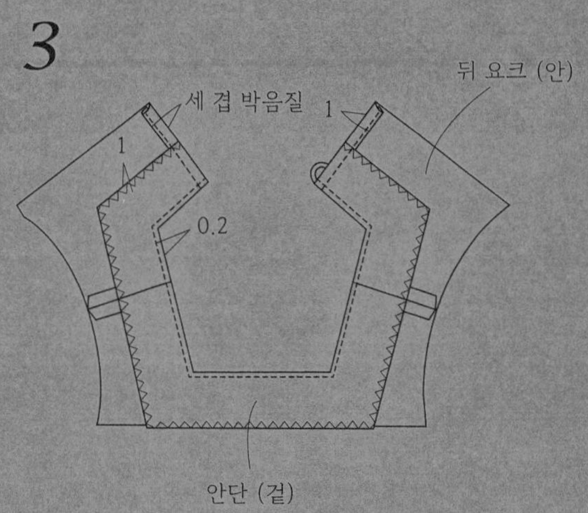

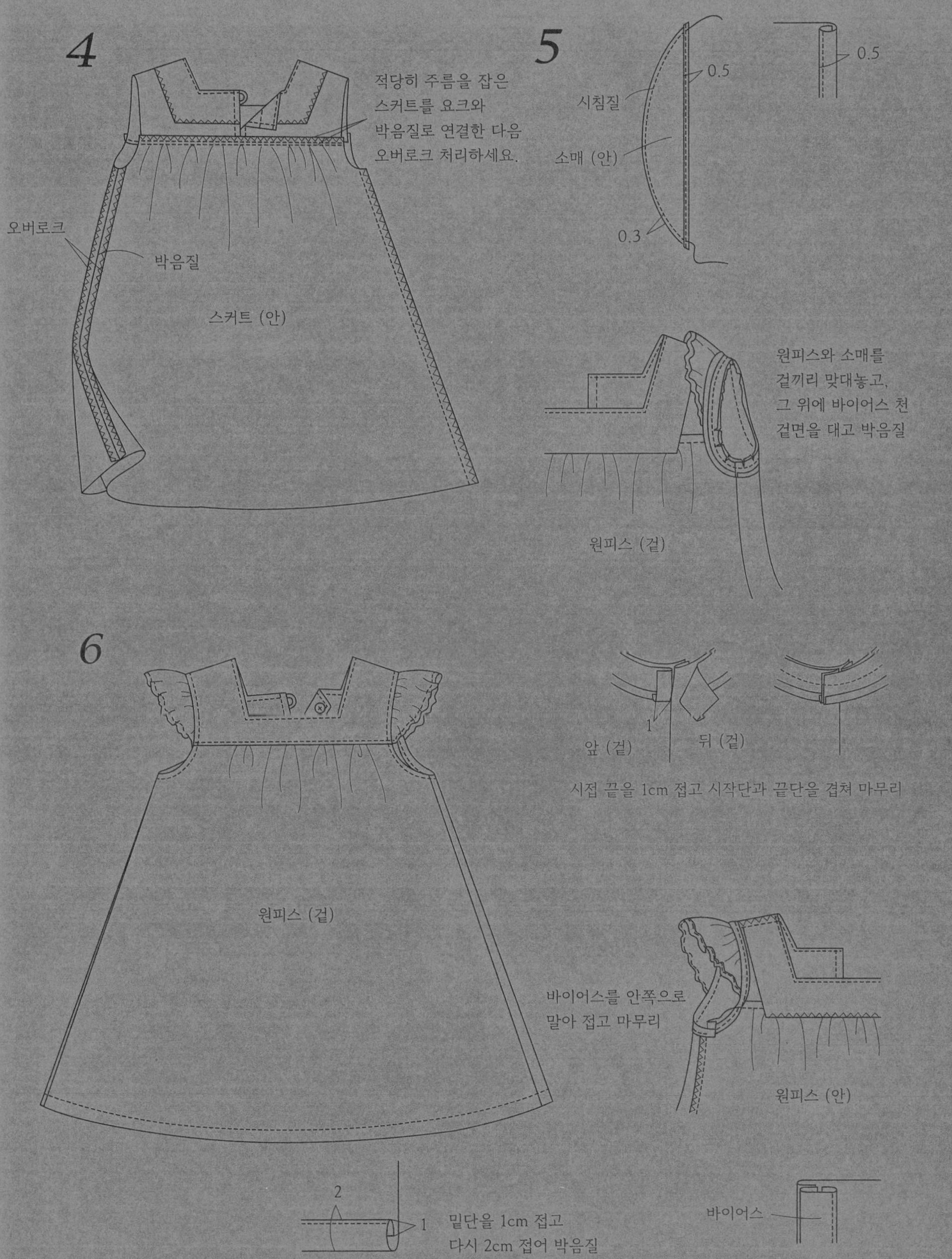
4
적당히 주름을 잡은
스커트를 요크와
박음질로 연결한 다음
오버로크 처리하세요.
오버로크
박음질
스커트 (안)
5
시침질
0.5
소매 (안)
0.3
0.5
원피스와 소매를
겉끼리 맞대놓고,
그 위에 바이어스 천
겉면을 대고 박음질
원피스 (겉)
앞 (겉)
1
뒤 (겉)
시접 끝을 1cm 접고 시작단과 끝단을 겹쳐 마무리
6
원피스 (겉)
바이어스를 안쪽으로
말아 접고 마무리
원피스 (안)
2
1
밑단을 1cm 접고
다시 2cm 접어 박음질
바이어스

레이어드 스커트

2, 4, 6세

준비물

치마 220 x 40cm

밑단 220 x 13cm

허릿단 70 x 4cm

폭 2cm 고무줄 50cm

폭 1cm 끈 120cm

Tip

패턴이 따로 없습니다. 아이의 연령에 따라
오른쪽 설명서에 적힌 치수대로 재단하세요.
이 스커트는 무게감이 있는 리넨 원단으로 만들어야
빙 돌 때 둥글게 잘 퍼지고 형태가 예쁘게 살아납니다.

만들기

1. 허릿단을 시접 1cm를 남기고 양쪽 끝을
이은 후 아래쪽을 1cm 접고 다려주세요.
2. 스커트 앞판과 뒤판을 겉끼리 마주 보게 놓고
박음질한 뒤 오버로크 처리하고,
치마 윗부분에 주름을 잡으세요.
3. 치마와 허릿단을 겉끼리 맞대고
주름을 골고루 펴가며 박음질하세요.
4. 고무줄을 창구멍 안으로 넣어 한 바퀴 돌린 다음
양쪽 끝을 단단히 겹쳐 박아 고정하세요.
5. 스커트 밑단 앞과 뒤 두 장을 겉끼리 맞대고
옆선을 박음질한 후 스커트 끝단에
연결하세요.
6. 치마 앞 허릿단 중심에 끈을
달면 완성입니다.

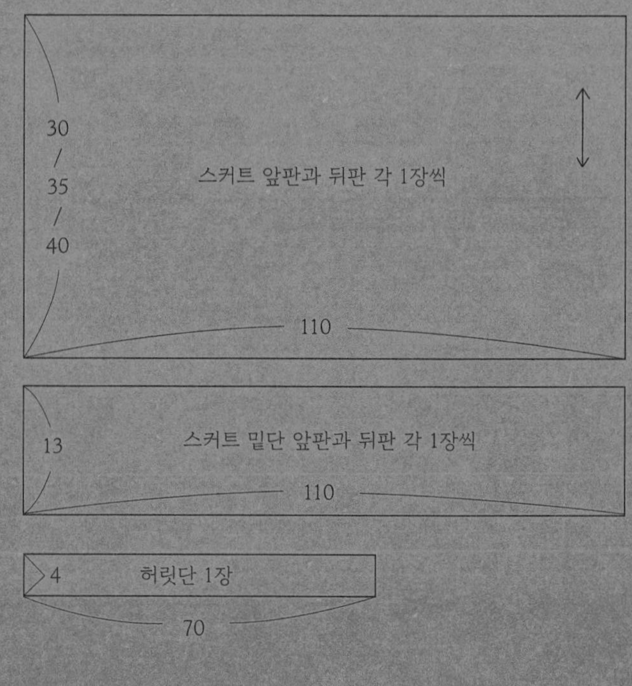

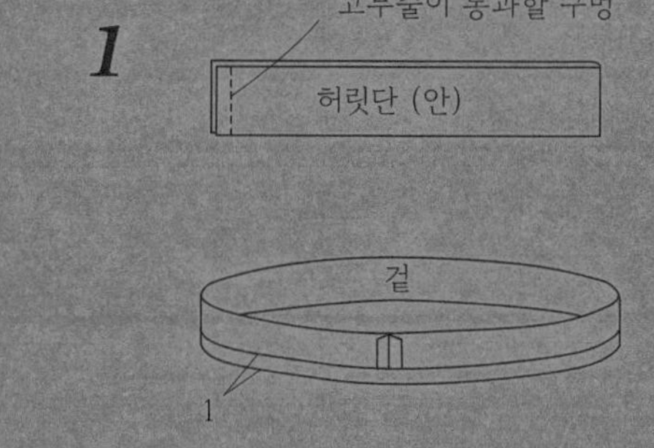

1

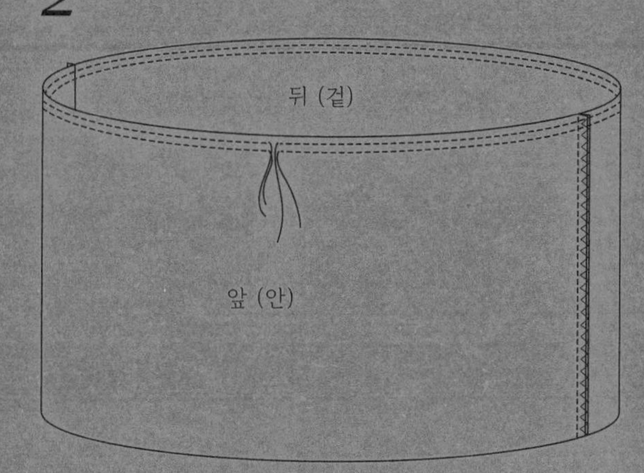

2

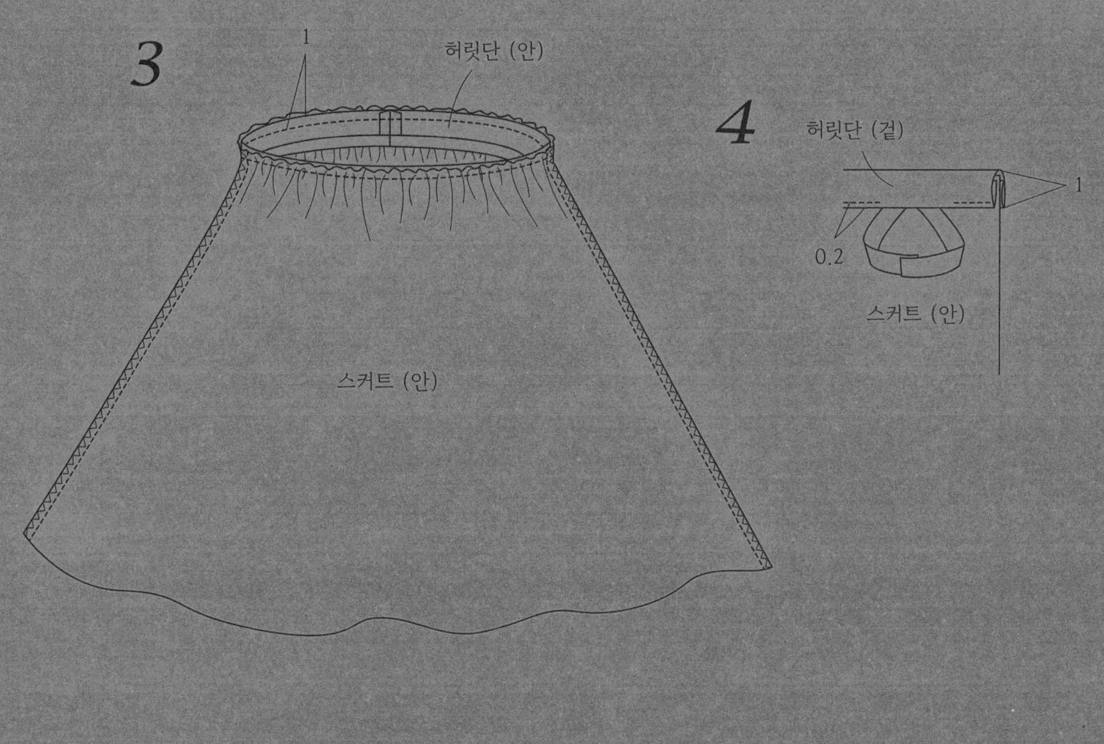

3
1
허릿단 (안)
4
허릿단 (겉)
1
0.2
스커트 (안)
스커트 (안)

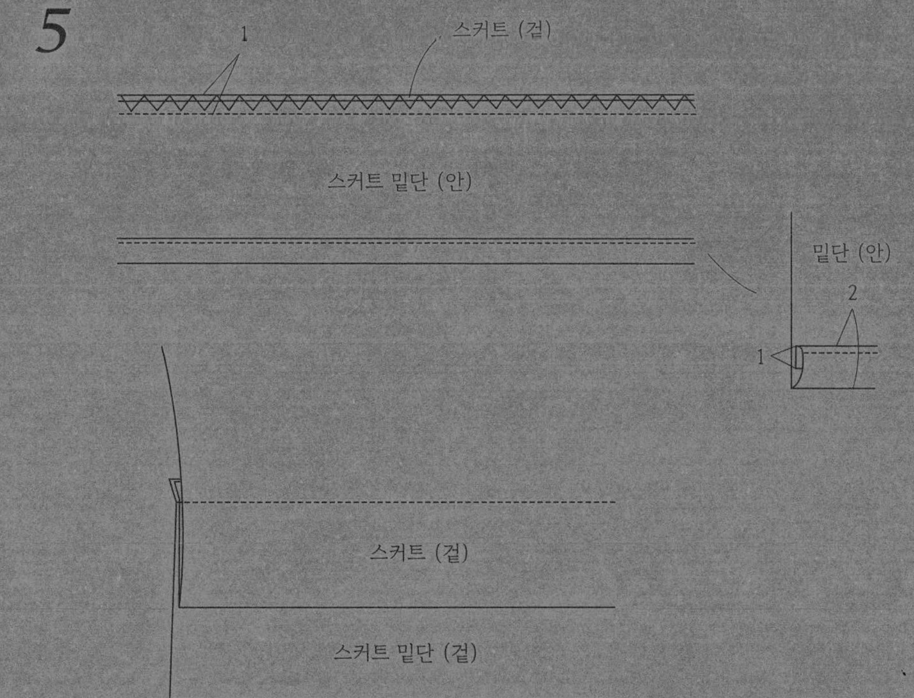

5
1
스커트 (겉)
스커트 밑단 (안)
밑단 (안)
2
1
스커트 (겉)
스커트 밑단 (겉)

머릿수건, 앞치마

2~6세

준비물

30수 코튼 90 x 60cm 1장
지름 15mm 스냅단추 1쌍
폭 1cm 리본 50cm

Tip

패턴이 따로 없습니다. 아이의
연령에 따라 오른쪽 설명서에 적힌
치수대로 재단하세요.

만들기

1. 사이즈대로 재단한 앞치마 원단의
가장자리를 그림과 같이 말아 접어
박음질하세요(윗단 제외).
2. 앞치마의 윗단을 끈이 통과할 수 있도록
두 번 말아 접어 박음질하세요.
3. 주머니 윗단을 박음질하고,
나머지 부분은 시접을 안으로
접어 다림질하세요.
4. 끈을 1cm씩 세 번 접어 박음질하세요.
5. 끈은 터널을 통과시켜 매듭을 짓고
주머니는 제 위치에 박음질한 다음
스냅단추를 달아주세요.
6. 머릿수건용 천을 세로로 반 접어
치수대로 그린 다음 재단하세요.
7. 머릿수건의 가장자리를 모두 말아 접고
박음질한 다음 겉면에 리본을 덧대
끈을 만들어주세요.

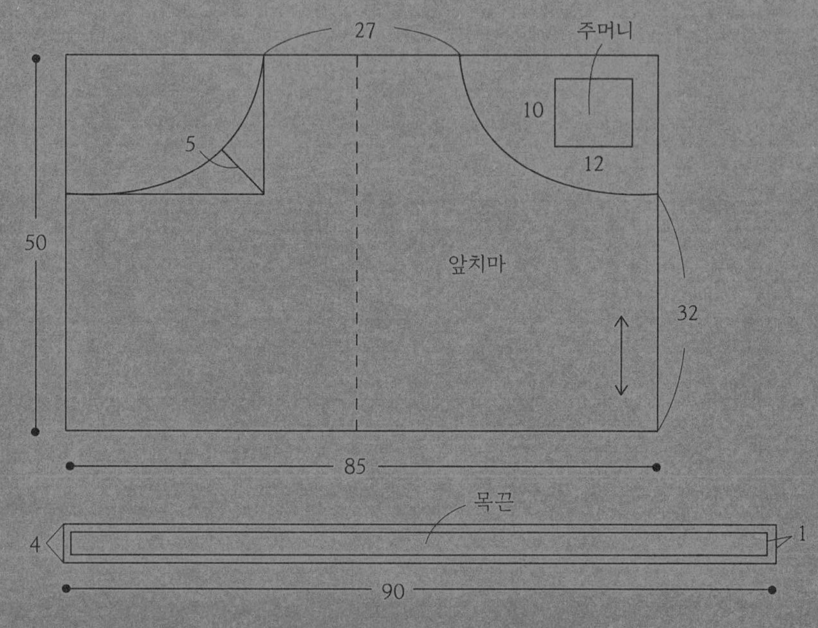

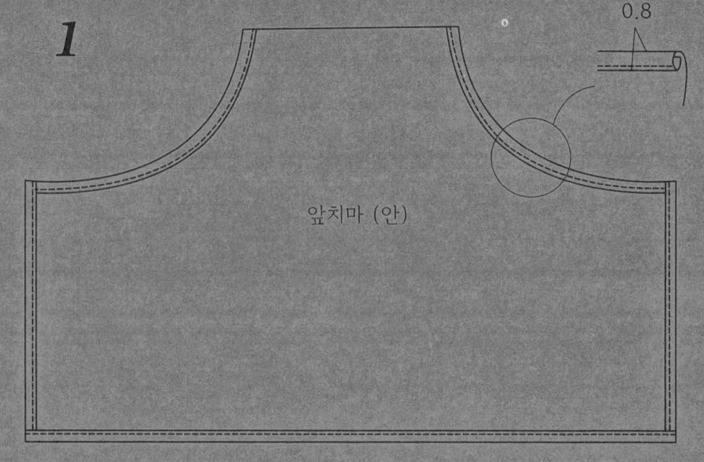

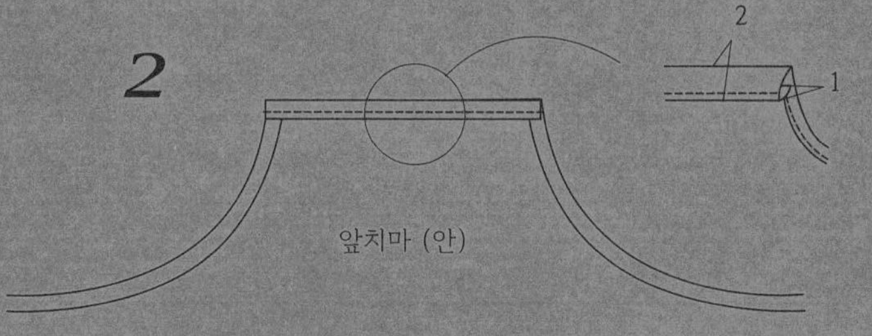

3

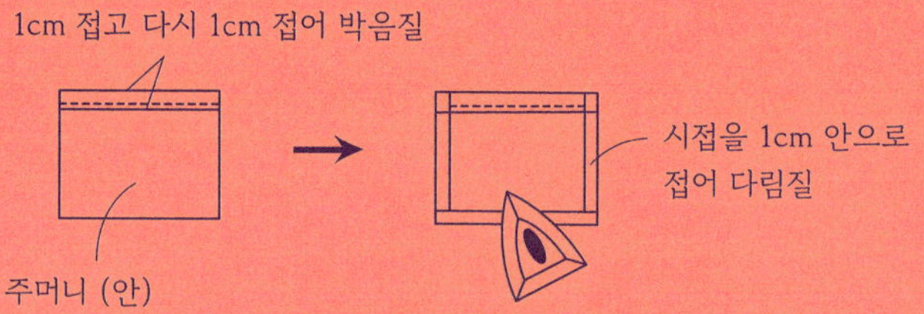

1cm 접고 다시 1cm 접어 박음질

주머니 (안)

시접을 1cm 안으로
접어 다림질

4

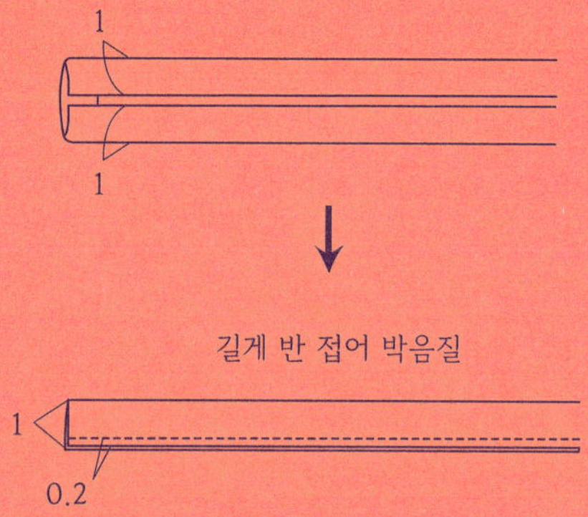

1

1

길게 반 접어 박음질

1

0.2

5

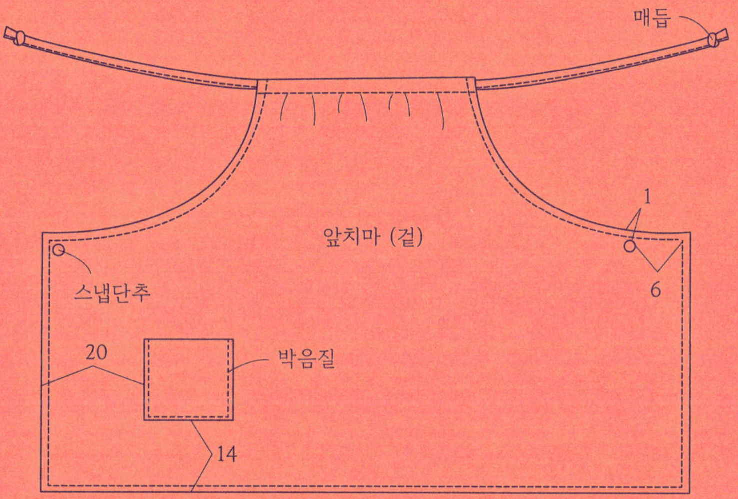

매듭

앞치마 (겉)

스냅단추

1

6

20

박음질

14

6

23

중심

머릿수건

23

1

머릿수건용 원단을 식서 방향으로 반 접어놓고
그림과 같은 치수대로 재단하세요.

7

리본을 머릿수건의 겉면에
대고 양쪽 끝을 박음질

세 겹 박음질

머릿수건 (겉)

1

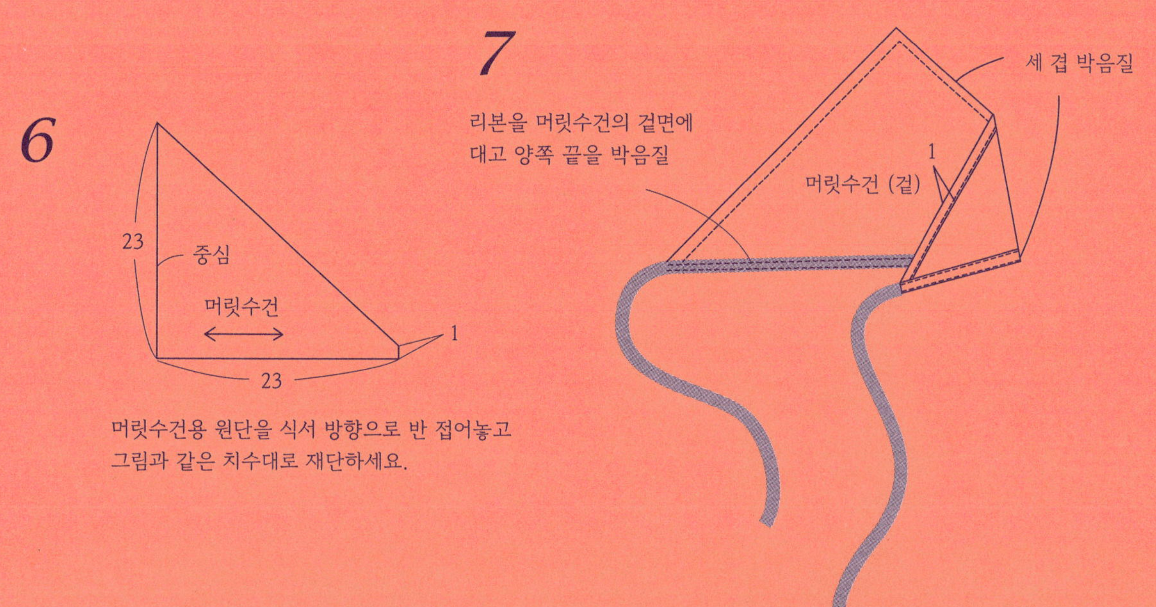

크로스 백

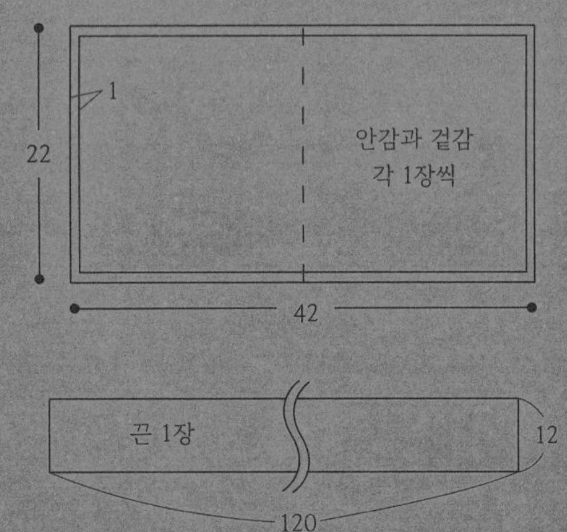

준비물

겉감 42 x 22cm

안감 42 x 22cm

끈 120 x 12cm

장식용 단추 1개

Tip

패턴이 따로 없습니다.

설명서에 적힌 치수대로 재단하세요.

1

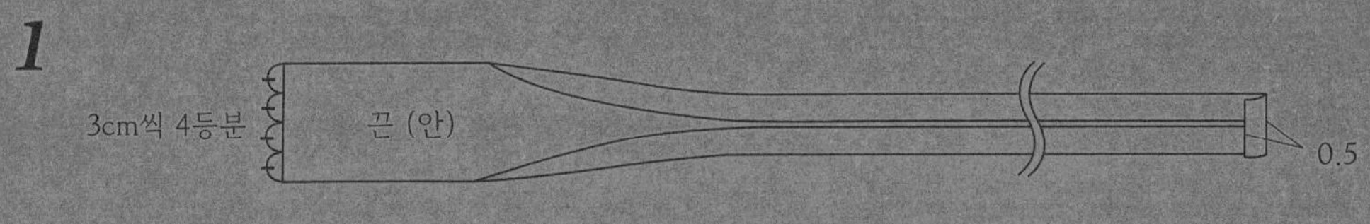

끈을 4등분해 길게 접고 다림질하세요.

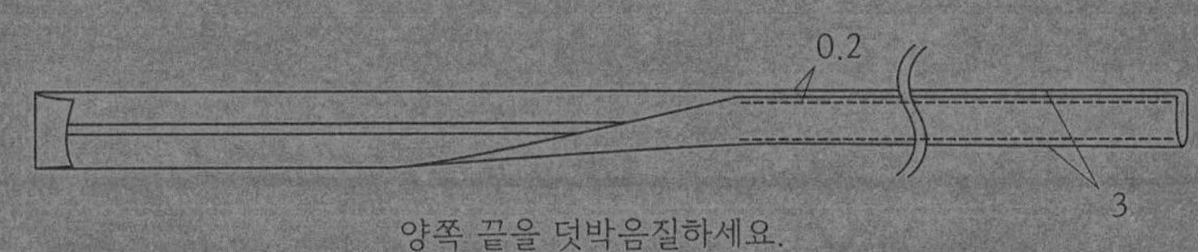

양쪽 끝을 덧박음질하세요.

2

겉감과 안감을 각각 겉끼리 맞대고
반으로 접어 박음질하세요.

3

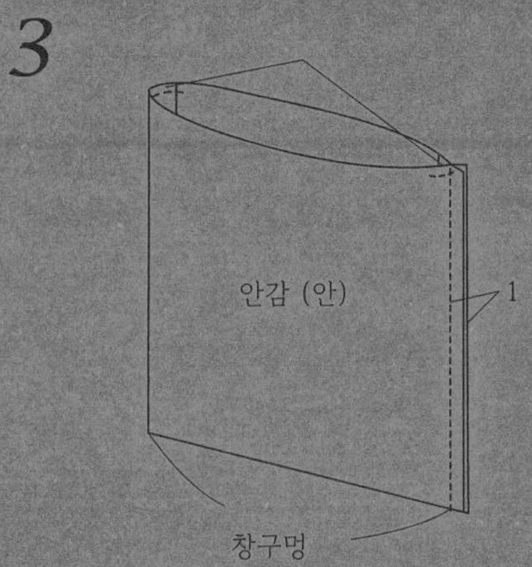

가방 끈을 안감 안으로 넣고 박음질로 고정하세요.

4

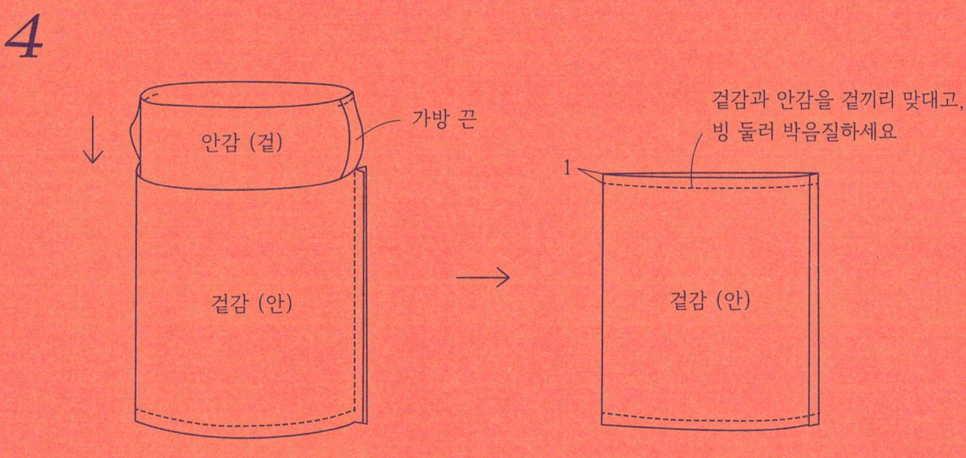

안감을 겉감 속으로 넣으세요.

5

6

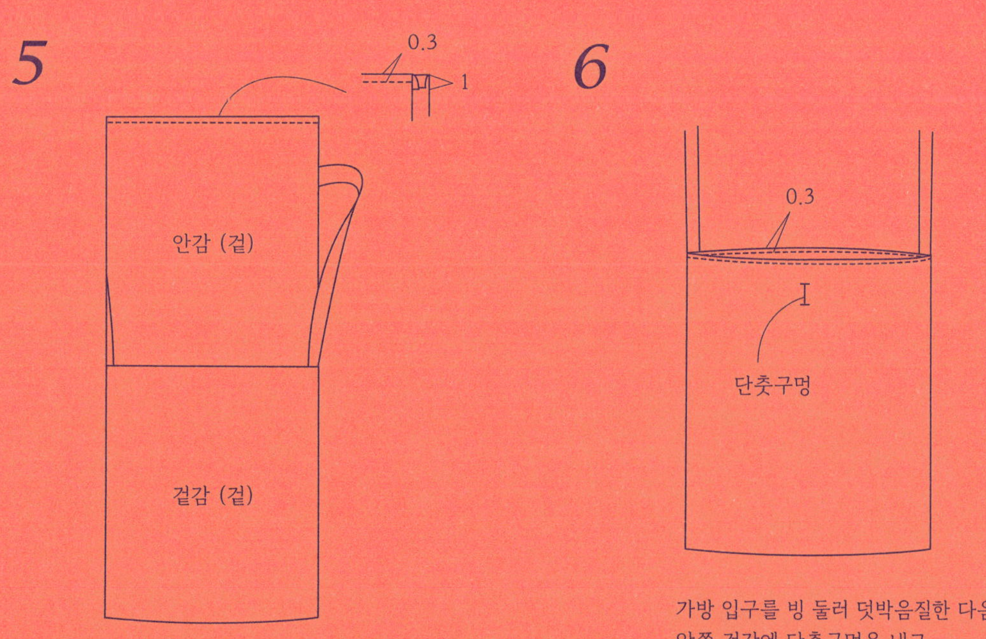

겉감이 보이게 가방을 뒤집은 다음
안감 시접을 안으로 접고
박음질로 마무리하세요.

가방 입구를 빙 둘러 덧박음질한 다음,
앞쪽 겉감에 단춧구멍을 내고
단추를 달아주세요.

놀이 인형

2~6세(패턴 1 – 파란색)

준비물

몸통 70 x 50cm

조끼 32 x 30cm

치마 45 x 18cm

머리카락용 자수실 1개,

폭 1cm 리본 30cm, 솜 적당량

1 몸통용 원단을 반으로 접은 다음 그림과 같이 패턴을 그려주세요. 본 패턴에는 시접이 포함되어 있지 않습니다. 시접 0.5cm의 여유분을 고려하며 형태를 그려주세요.

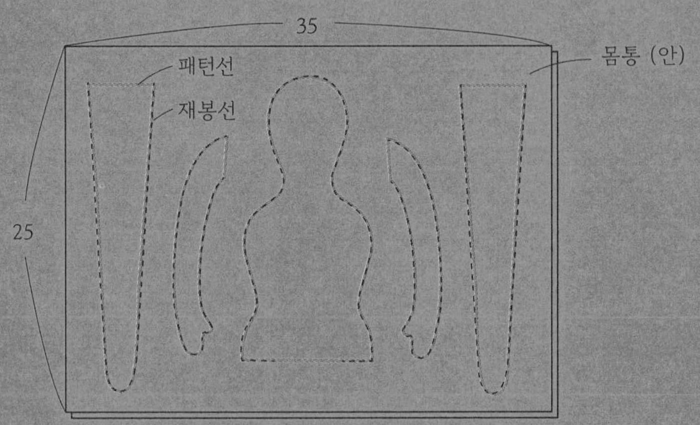

그림과 같이 원단 두 장을 포개놓고 창구멍을 제외한 나머지 부분을 박음질한 다음, 시접분 0.5cm를 남기고 재단하세요.

2 재단한 몸통 원단을 창구멍으로 뒤집어 솜을 채우고 시접을 안으로 접어 넣고 공그르기로 막아주세요.

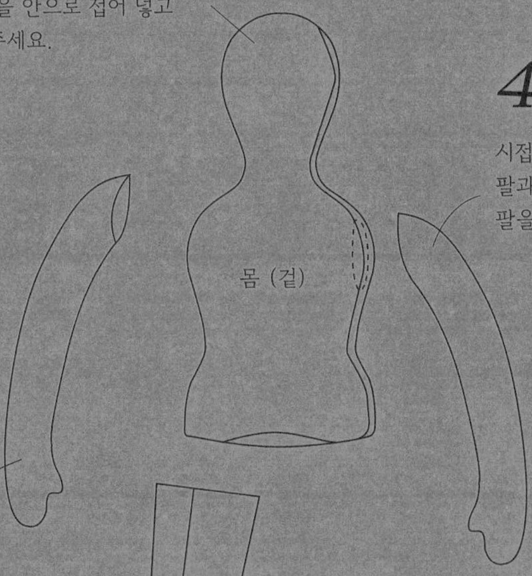

4 시접을 안으로 접어 넣은 다음 팔과 몸통을 한손으로 꼭 잡고 감침질로 팔을 몸통에 단단히 고정하세요.

3 손의 곡선 부분에 가위집을 넣어 형태가 살아나도록 하고, 창구멍으로 뒤집어 솜을 채우세요. 팔에 구김이 없이 모양을 내는 것이 까다로우니, 겸자나 뾰족한 도구를 이용해 솜을 골고루 충분히 채워주세요.

5 다리 부분 원단을 뒤집어 솜을 충분히 채운 다음, 바느질선이 중앙으로 오게 한 채, 팔과 동일한 방법으로 몸통 아래에 부착해주세요.

6

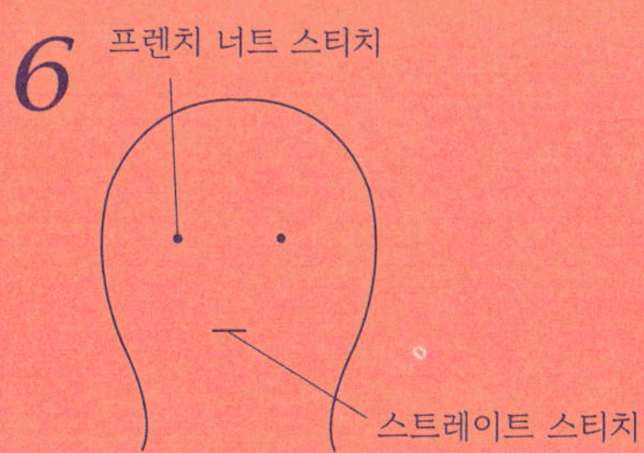

패턴지에 표시돼 있는 위치에
눈과 입 모양의 자수(실 2합)를 놓아줍니다.

7

자수실로 머리카락을 수놓아주세요.

8

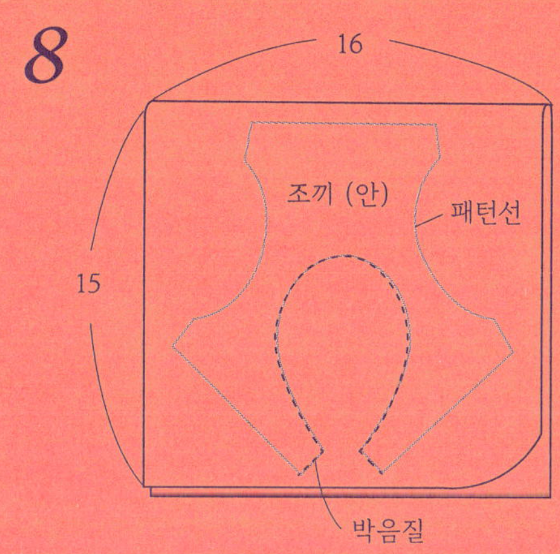

조끼용 원단을 겉끼리 마주보도록
반으로 접은 다음, 패턴을 올려놓고
형태를 그려줍니다.
그림과 같이 목 부분을 박음질한 뒤,
시접 0.5cm를 남기고 조심스럽게
재단하고 뒤집어 다려주세요.

9

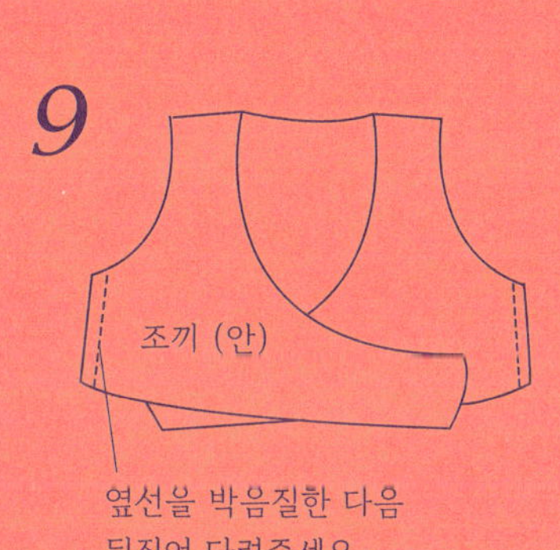

옆선을 박음질한 다음
뒤집어 다려주세요.

10

45 X 18cm로 재단한 치마 원단을 준비하세요.
가장자리를 모두 0.5cm 접고 다시 0.5cm 접어
다림질한 다음 박음질하세요.

11

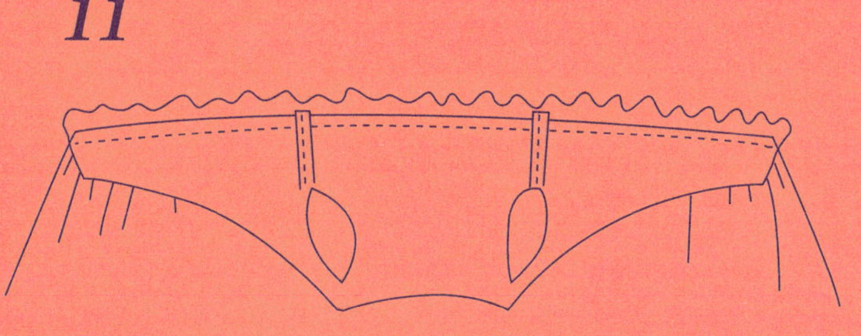

치마 윗단을 큰 땀으로 시침질해 조끼와 맞도록
주름을 잡은 후 박음질로 연결하세요.

12

리본을 조끼 안감에 단단히 부착하고
매듭을 지으면 완성입니다.

실내화

2, 4, 6세 (패턴 3 – 보라색)

준비물

겉감 70 x 30cm
안감 70 x 30cm
4cm 바이어스 50cm
퀼팅솜 28 x 30cm
폭 5mm 고무줄 적당량
폭 1cm 리본 30cm

만들기

1. 바이어스를 신발 입구의 길이만큼
잘라 끝을 겉끼리 맞대고 연결하세요.
2. 신발 겉감과 안감 천을 각각 겉이
마주 보게 반 접어 뒤꿈치를 박음질로
연결한 다음, 시접을 가름솔하세요.
3. 신발 겉감과 안감을 시접선을 중심으로
안쪽끼리 마주 보게 포개놓으세요.
4. 바이어스를 신발 상단과 맞대고
빙 둘러 박음질하세요.
5. 바이어스를 안으로 말아 접고
고무줄이 통과할 자리를 남긴 채,
빙 둘러 박음질하세요.
6. 바닥 안감과 신발 천을 겉끼리 맞대고
박음질한 다음 뒷부분의 둥근 부위에
가위집을 넣어주세요.
7. 바닥에 퀼팅솜을 대고 시접을 안으로
꺾어 감침질하세요.
8. 시접을 안으로 접은 바닥 겉감을
퀼팅솜 위에 대고 공그르기로 마무리하세요.
9. 신발의 상단 바이어스 터널에 고무줄을
넣어 적당히 주름을 잡고, 발등 부분에
리본을 달아주세요.

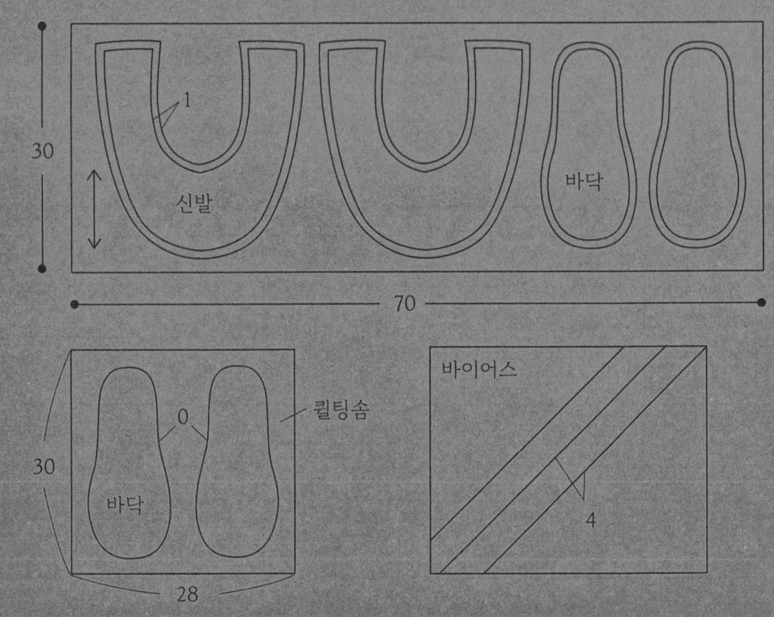

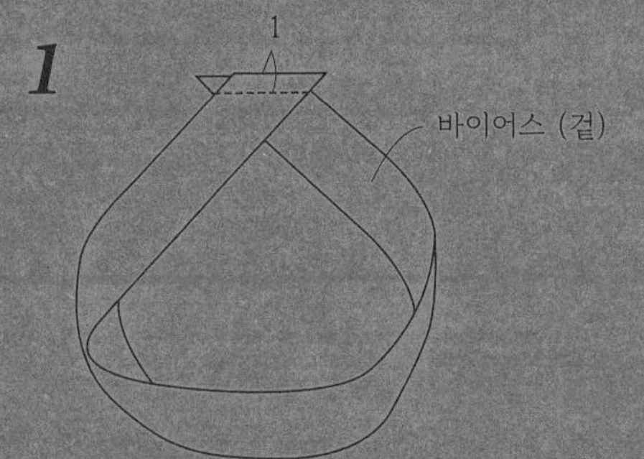

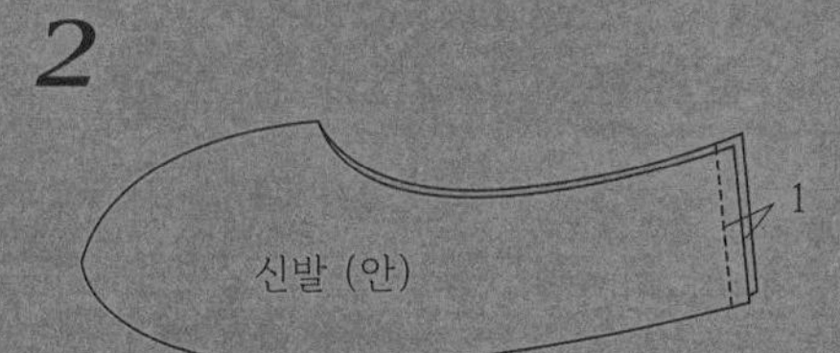

3

시접 가름솔
안감 (겉)
겉감 (겉)

4

0.8
바이어스 (안)
신발 (겉)

5

0.2
창구멍
0.8

6

박음질
가위집
0.8

7

퀼팅솜
신발 (겉)

8

바닥 (겉)
공그르기
신발 (겉)

9

박음질

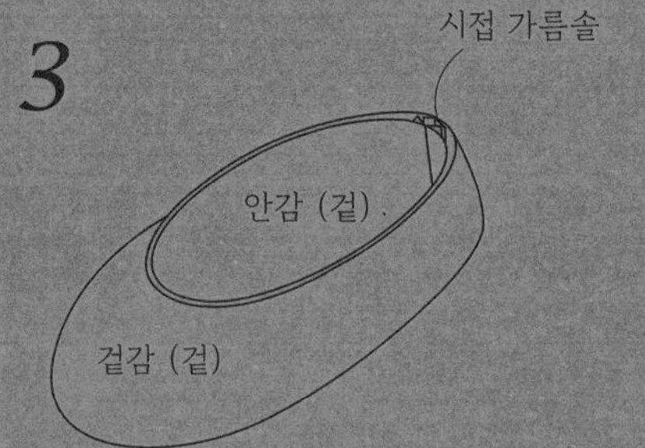

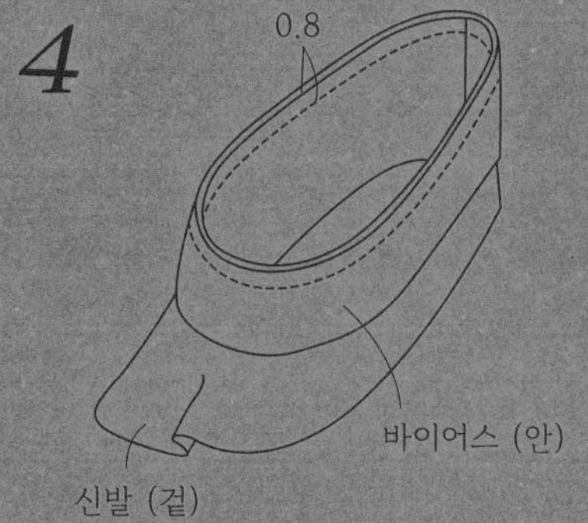

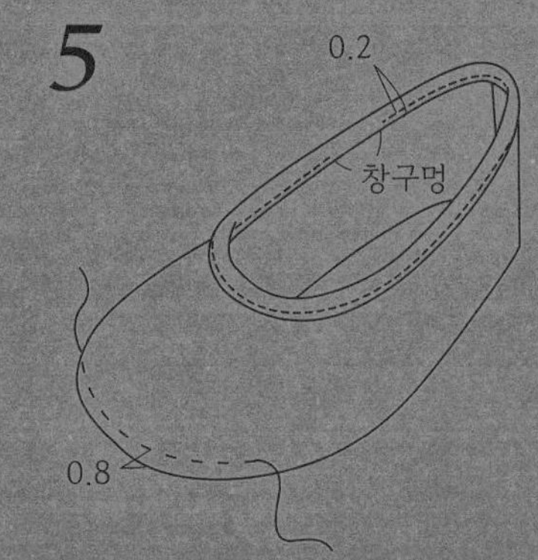

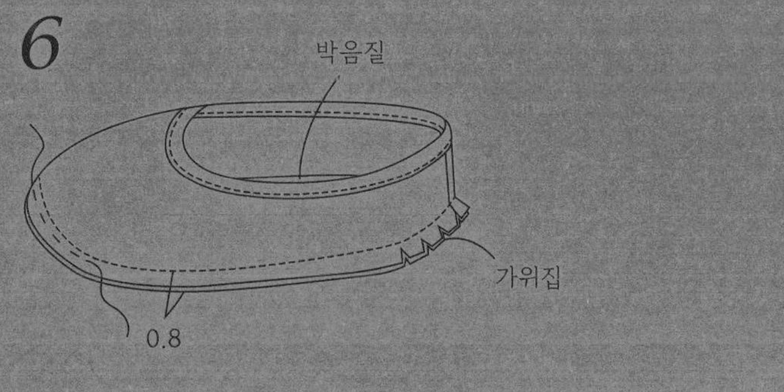

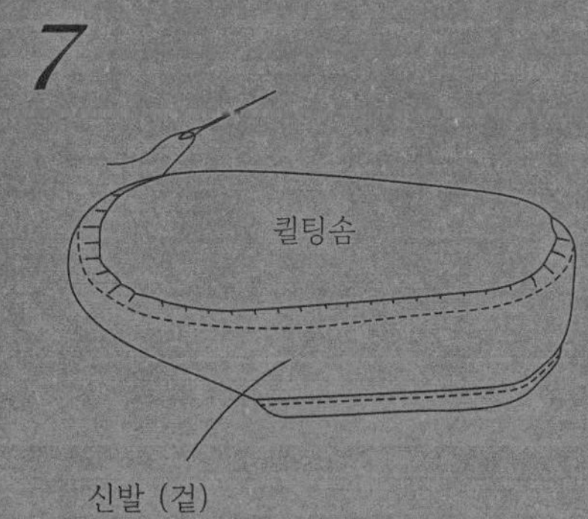

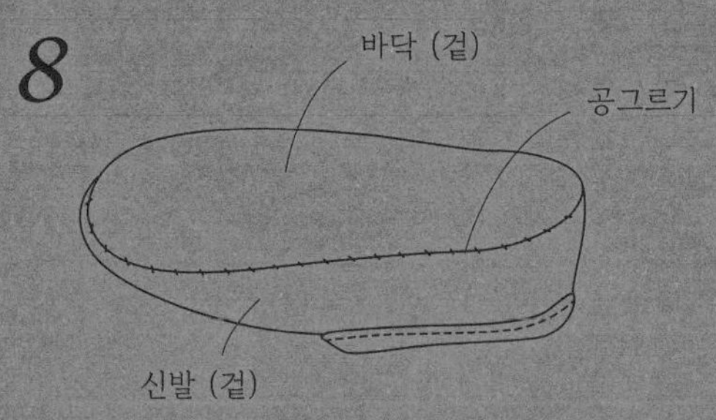

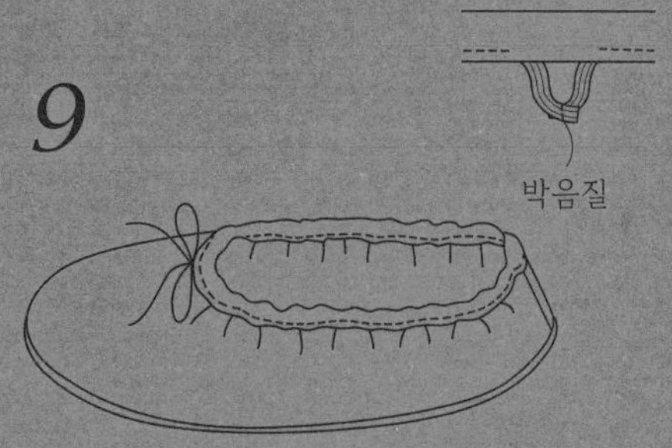

조끼

2, 4, 6세 (패턴 4 – 붉은색)

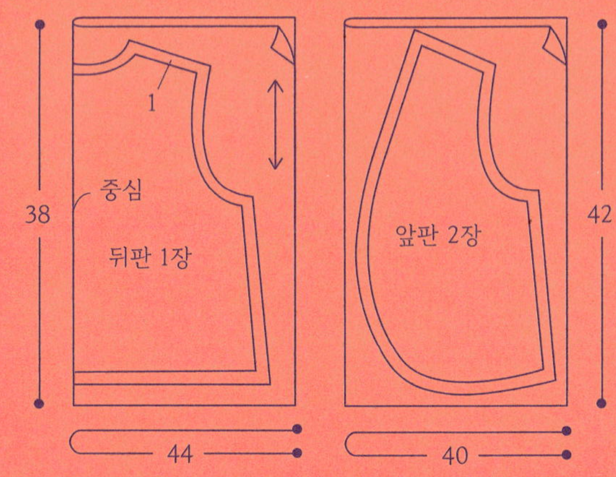

준비물

겉감용 20수 체크무늬 울 84 x 42cm

안감용 40수 코튼 84 x 42cm

폭 5mm 가죽 끈 50cm

만들기

1. 조끼 앞판과 뒤판을 겉끼리 맞대고
옆선을 박음질로 연결하세요.
2. 25cm 길이로 자른 끈 두 개를 조끼 겉감의
앞판 중심에 단단히 부착하고, 조끼의 겉감과
안감을 맞댄 다음 어깨와 창구멍을 제외한
나머지 부분을 시접 1cm 남기고
빙 둘러 박음질하세요.
3. 조끼를 뒤집은 다음 창구멍을
공그르기로 마무리하세요.
4. 어깨를 연결하세요.
5. 끝단을 빙 둘러 박음질하면 완성입니다.

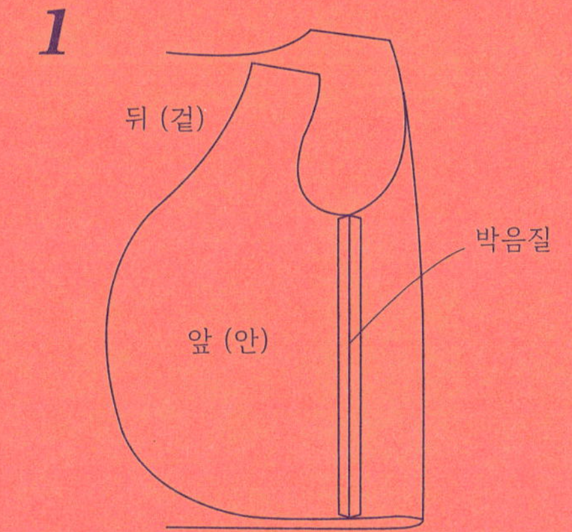

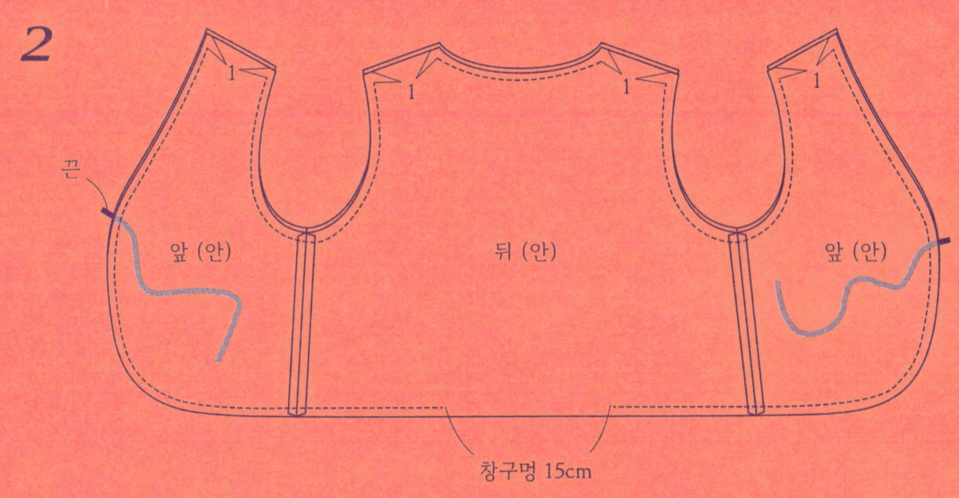

3

공그르기

4

1. 앞뒤 안감을 겉끼리
맞대고 시접 1cm 남기고 박음질
2. 공그르기

5

0.3
안감 (겉)
겉감 (겉)

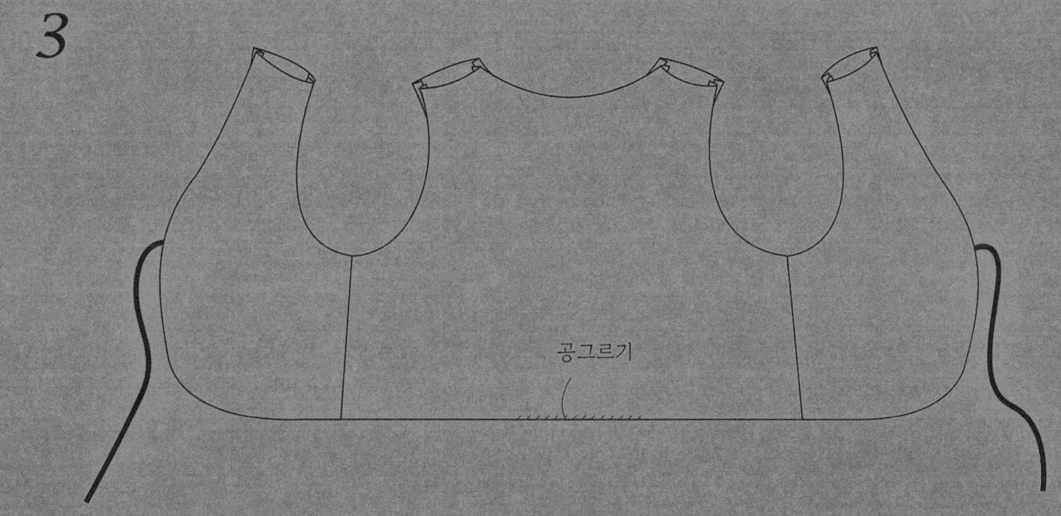

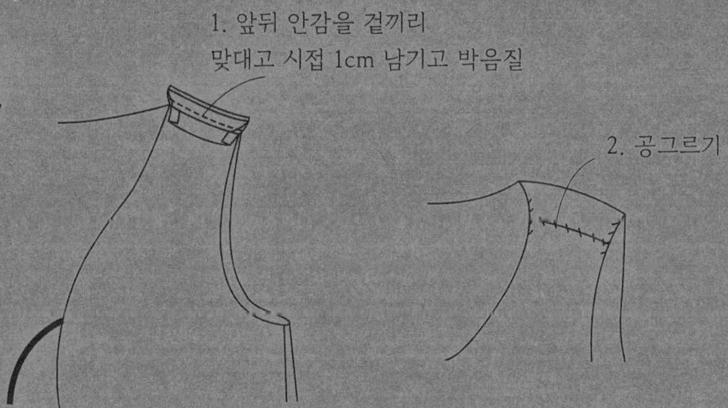

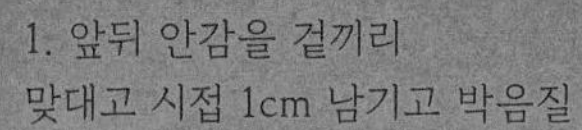

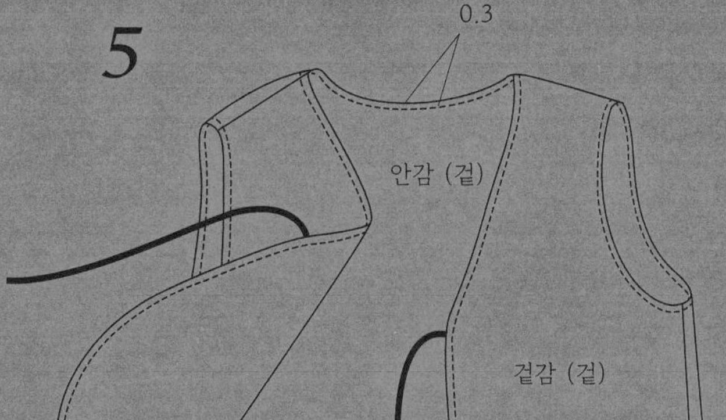

민소매 원피스

2, 4, 6세 (패턴 4 – 초록색)

준비물

40수 코튼 2마

폭 3cm 레이스 120cm

Tip

치마 부분은 패턴이 따로 없습니다.

아이의 연령에 따라 오른쪽 설명서에 적힌

치수대로 재단하세요.

만들기

1. 사이즈대로 재단한 윗단 앞판과 뒤판의 천을
진동 둘레와 뒤트임을 오버로크한 다음, 분량의
시접을 안감 쪽으로 접어 박음질하세요.
2. 아랫단의 위쪽 부분을 중간단의 폭만큼
두 줄 시침으로 주름을 잡아 겉끼리 맞댄 후
오버로크로 연결하세요.
3. 시침핀으로 고정한 치맛단 두 장을 박음질한 후
오버로크 처리하세요. 시침실을 뽑아내고
나머지도 같은 방법으로 연결하세요.
4. 한 장으로 연결해놓은 원피스 앞판과 뒤판을
겉끼리 맞대고 옆선을 박음질한 후
오버로크 처리하세요.
5. 원피스 밑단을 안으로 0.5cm 접고
다시 0.5cm 말아 접은 뒤 박음질하세요.
6. 레이스를 터널 안으로 통과시켜
어깨끈을 만든 후 적당히 주름을 잡고
매듭을 지으세요.

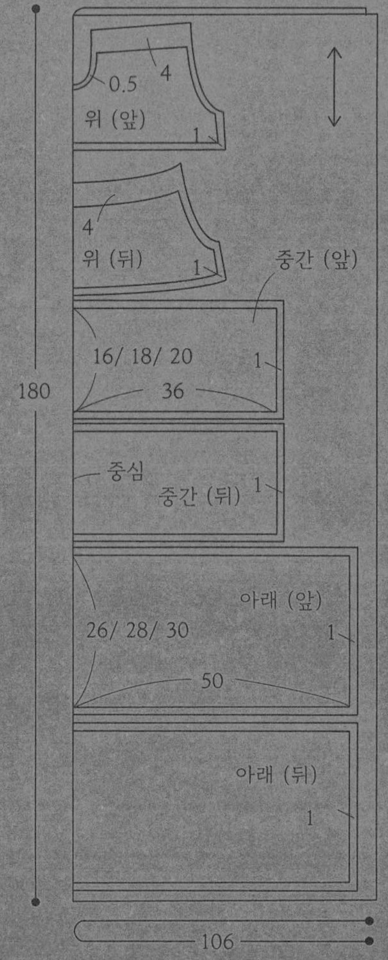

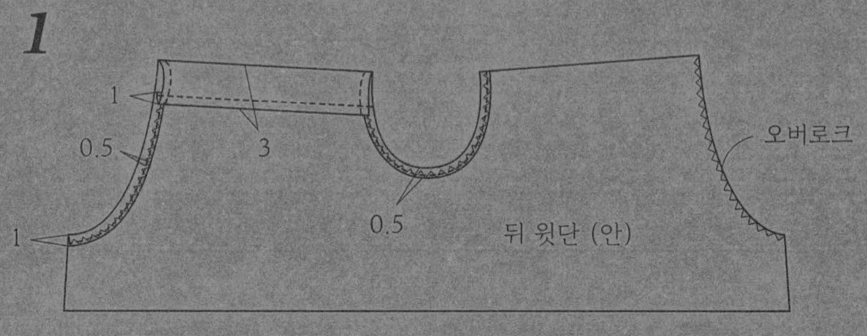

2
시침질
시침핀으로 고정
아랫단 (안)
중간단 (겉)
3
1. 박음질
2. 오버로크
1
4
원피스 (안)
1. 박음질
2. 오버로크
6
5
원피스 (안)
0.5
0.2

머리띠

2~6세

준비물

머리띠 47 x 37cm
폭 15mm 고무줄 15cm

Tip

패턴이 따로 없습니다.
설명서에 적힌 치수대로 재단하세요.

만들기

1. 머릿수건의 3면을 각각 안으로 두 번
말아 접어 박음질하세요.
2. 밴드 천을 세로로 반 접어 박음질하세요.
3. 밴드 중간에 고무줄을 놓고 양끝을
박음질로 고정한 다음 천을 뒤집으세요.
4. 밴드를 시접선을 중심으로 오게 한 다음
양 끝 시접을 1cm씩 안으로 접어 넣고,
머릿수건의 귀 부분을 주름을 잡아 밴드 안으로
밀어 넣은 다음 박음질로 단단히 고정하세요.

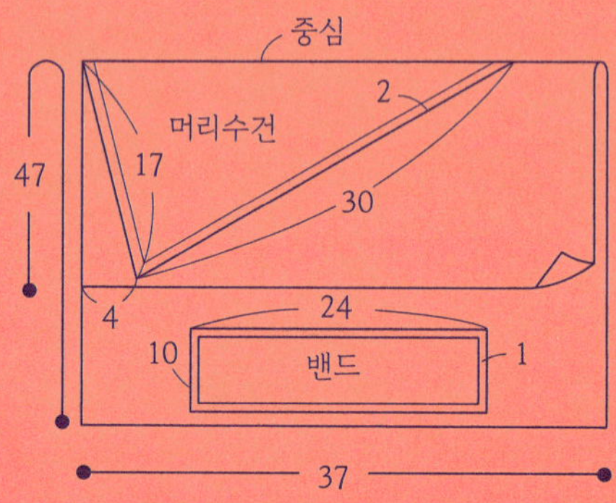

1

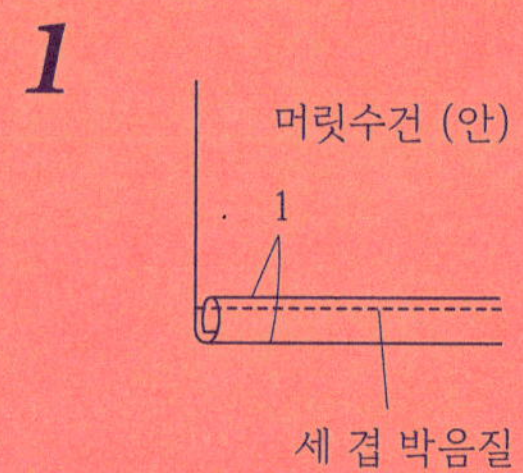

2

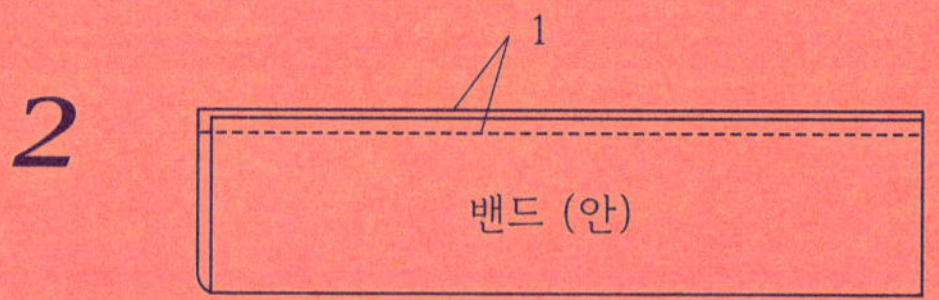

3

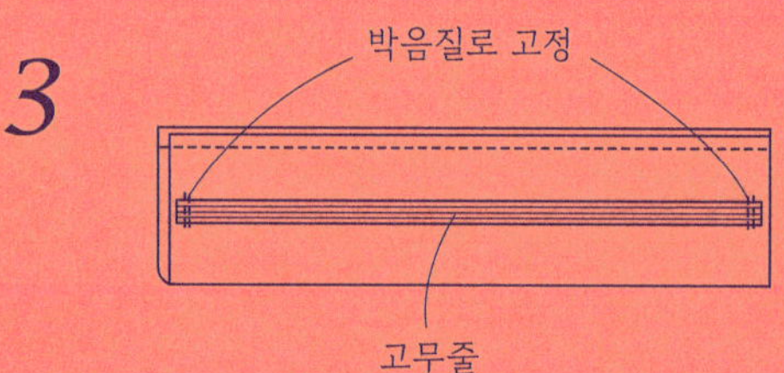

4

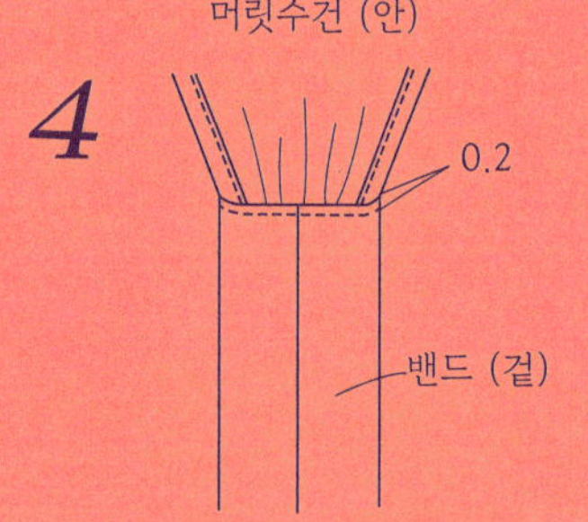

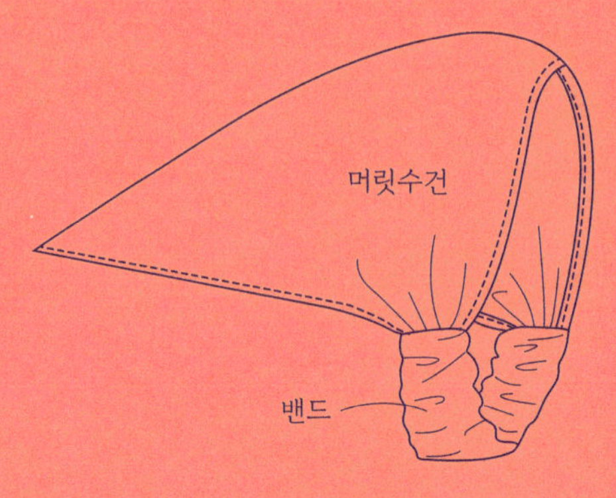

머리끈

2~6세

준비물

머리끈 62 x 9cm

폭 15mm 고무줄 15cm

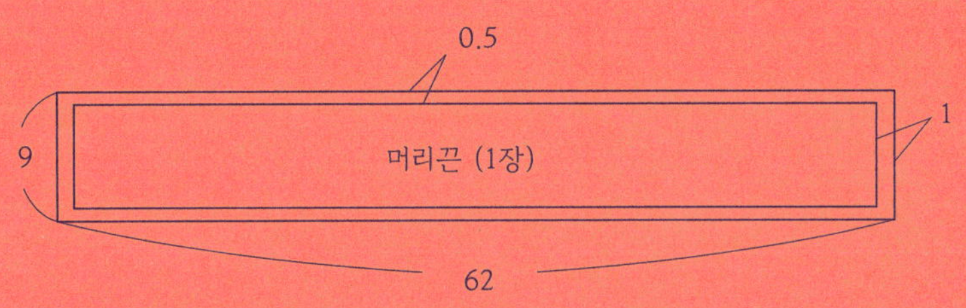

1

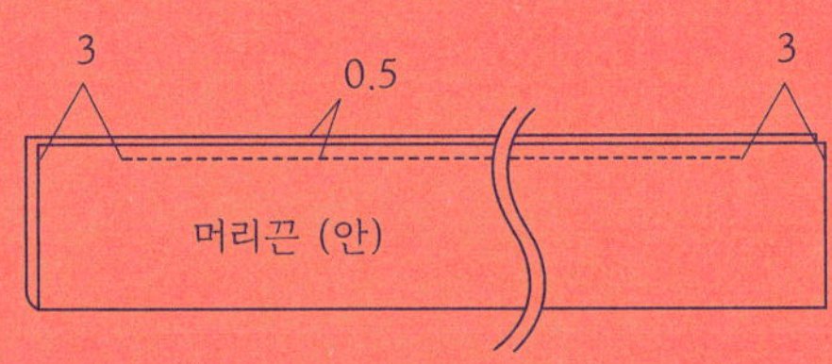

반 접어 박음질하세요.

2

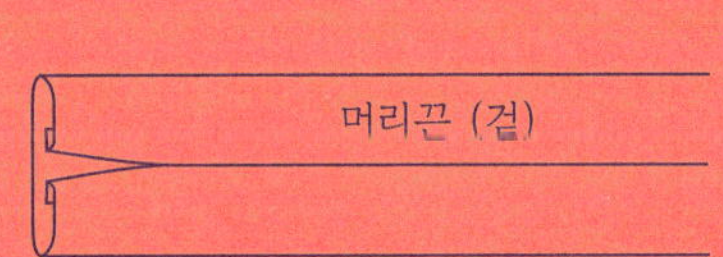

천을 뒤집어 시접을 가운데 놓고 다림질하세요.

3

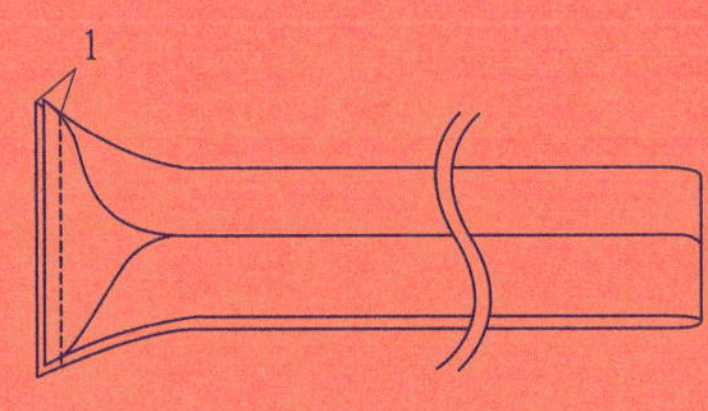

겉끼리 맞대고 박음질하세요.

4

고무줄을 넣고 한 바퀴 돌려 박음질하세요.

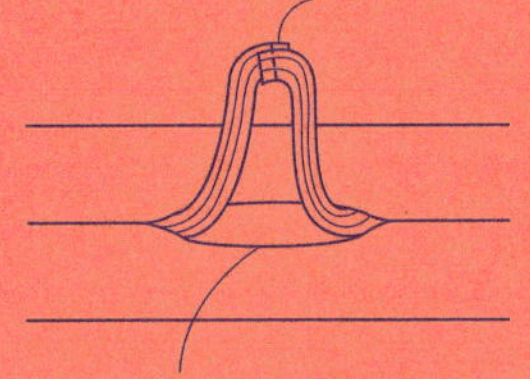

공그르기로 마무리하세요.

핸드메이드가 좋아요

엄마 손으로 직접 만드는 출산용품·소품·아이 옷

초판 1쇄 발행 2011년 11월 20일

지 은 이 | 박은희
펴 낸 이 | 정상준
펴 낸 곳 | (주)그책

기획 및 편집 | 주상아 박유미
일 러 스 트 | 오선주
마　케　팅 | 박종우
관　　　리 | 최혜원
인쇄 및 제본 | 새한문화사

출판등록 | 2008년 7월 2일 제322-2008-000143호
주　　　소 | 서울시 종로구 평창동 352-4 미메시스아트하우스 302호
전자우편 | thatbook@thatbook.co.kr
전화번호 | 02) 3444-8535
팩　　　스 | 02) 3444-8534

ISBN 978-89-94040-21-9 13590